JN098702

クリーンルームにおける静電気対策

株式会社テクノ菱和
鈴木政典 著

日刊工業新聞社

はじめに

　筆者らが「静電気」に取り組むことになったのは、1986年頃だった。半導体・液晶製造関連産業がまだ元気な時で、静電気による微粒子汚染や静電破壊が製品の歩留まり低下を引き起こし、問題になっていた。筆者らが所属しているテクノ菱和は、クリーンルームの設計・施工も行っている会社で、ちょうど、1986年9月に技術開発研究所が新築され、クリーンルームの要素技術開発の一環として「クリーンルームにおける静電気対策」も始まった。

　当時の半導体製造は、200mmφウェハが主流で、300mmφウェハによる製造が始まったばかりであった。液晶製造では、ガラス基板のサイズがまだ小さく、300×400mmで、生産装置のローダー/アンローダー部に置かれたカセットからロボットアームでガラス基板を引き出したり、挿入したりする際、ロボットアームと帯電したガラス基板との間で、火花放電が確認できた。

　また、当時は、半導体・液晶製造の前工程にもコロナ放電式イオナイザーの導入が始まった頃で、コロナ放電式イオナイザーを稼働させるとクリーンルーム内の塵埃濃度が高くなることが問題になっていた。そこで、筆者らは、この現象の原因の調査を始めた。その結果、放電電極から発塵があるというコロナ放電式イオナイザーの問題点が明らかとなり、その対策として、シースエア式低発塵イオナイザー（クリーンルーム用イオナイザー）を開発した。これに対して、1992年に日本空気清浄協会より会長奨励賞を授与された。

　さらに、1992年頃から、クリーンルームで本質的に無発塵の軟X線イオナイザーが使用されるようになったが、軟X線による被曝の危険があることが問題になった。そこで、軟X線イオナイザー自体が遮蔽構造を持つイオン化気流放出型イオナイザーを開発し、実用化した。これに合わせて、清浄環境下で危険物を取り扱う工程向けに、軟X線をイオン化源とする防爆型無発塵イオナイザーも開発し実用化した。これらの功績に対して、2006年に静

電気学会より進歩賞を授与された。クリーンルーム用イオナイザー以外でも、当時、「クリーンルームでは気流によって常に静電気帯電が起こっている」というそれまでの常識を覆す「クリーンルームでは気流帯電はない」ことを実験と理論で証明し、日本空気清浄協会の会長奨励賞を受賞した。

　本書では、理解を深めるため、まず静電気の基礎について説明する。次に半導体・液晶製造、医薬品製造等の製造環境（クリーンルーム）における静電気障害について説明し、その対策として、イオナイザーについて、イオナイザーの除電原理、イオナイザーの種類と特徴、イオナイザーの具体的な選定方法と使用上の注意点、イオナイザーの除電性能評価方法を説明する。また、イオナイザーをクリーンルームで使用する上での問題点とクリーンルーム用イオナイザーについて述べる。さらに、イオナイザーを使用しない接地による静電気対策（危険物を取り扱う工程や施設における静電気対策）についても、読者が自ら実施できるように、具体的に平易に詳細に説明する。本書では、先端産業の製造に携わる読者が、静電気の基礎から静電気対策全般までの広範囲な知識（初心者から上級者までのレベル）を習得できるように、平易に詳細に説明する。本書が、読者の皆様の一助になれば幸いである。

　終わりに、本書執筆の機会を与えてくださった株式会社テクノ菱和の関係者の方々、および本書出版にご尽力いただいた日刊工業新聞社の関係者の方々に厚くお礼申し上げます。

2021年4月

鈴木 政典

目　次

第1章
静電気の基礎

第2章
半導体・液晶製造、医薬品製造等の
クリーンルームにおける静電気障害

第3章
半導体・液晶製造、医薬品製造等の
クリーンルームにおける静電気対策の方法

第4章

クリーンルームにおけるイオナイザーによる静電気対策の問題点

第5章

コロナ放電式イオナイザーの電極からの発塵の問題

第6章

開発されたクリーンルーム用イオナイザー

第7章

静電気対策の事例

第 1 章

静電気の基礎

この章では、本書の理解を深めるため、まず静電気の基礎について概要を説明する。

1.1 | 静電気とは

静電気学会編「静電気ハンドブック」によると、「静電気とは、電荷の空間的な移動がわずかであって、それによる磁界の効果が電界の効果に比べて無視できるような電気をいう」と定義されている[1]。

つまり、電荷の移動がほとんどない電気のことで、いわゆる「電流」で代表される移動する電気「動電気」と対比される。静電気は、静電気放電等の静電気現象の際、わずかな電荷の移動（電流）を伴うが、電界の効果に比べ電流に伴い発生する磁界の効果がわずかで無視できるほど小さい電気である。

1.1.1 | 電気の出現と帯電[2]

物質の最小単位を説明上理解し易くするために原子レベルで考える。この原子には、中心に正の電気を持った原子核があり、その周りを原子核と同じ量の負の電気を持った電子がまわっている。

原子核の正の電気と電子が持つ負の電気とは互いに打ち消しあってゼロになるので、普段の原子、すなわち普通の物体は、外から見る限り電気的には中性である。

しかし、何かの方法で電子を原子核から引き離すと原子は、正の電気を持つようになり、逆に電子を余分に付加すると原子は負の電気を持つようになる。この時、原子、つまり物質は正または負に帯電したという。

1.1.2 | 静電気の発生機構[3,4]

主な静電気発生機構を下記に示す。

（1）接触分離による発生

電気的に中性である2つの物体A、Bが接触すると、境界面で、電子を移

図1.1　接触分離による静電気の発生[3]

動させ易い方（物体B）から移動させ難い方（物体A）へ電子の移動が起こり、一方の物体Aに負の電荷が、他方の物体Bに正の電荷が蓄積され、正と負の電荷が相対して並ぶ電気二重層を形成する（**図1.1**）。この状態では、物体A、Bは外部に対して中性で静電気的現象は現れない。しかし、機械的に物体A、Bが分離されると、電気二重層の電荷分離が起こり、物体A、Bにそれぞれ極性の異なる等量の静電気が発生する。

(2) 静電誘導による発生

帯電物体の近くに電気的に絶縁された導体がある場合、**図1.2**に示すように、静電界によって帯電物体に近い導体表面上に帯電物体の電荷と反対極性の過剰電荷が現れ、これと極性が異なる等量の過剰電荷が帯電物体から遠い表面上に現れる。絶縁された導体全体では、正電荷量と負電荷量は等しいが、導体上で電荷の不均一分布が生じて、その電位が上昇し、帯電したのと等しくなる。その導体に触れれば放電する。

静電誘導による帯電電位は、静電誘導を受ける導体の形状及び帯電物体からの距離に関係し、距離が近いほど帯電物体の電位に近くなる。また、静電誘導による帯電を防止するには、絶縁された導体の接地をとることが有効である。

(3) その他の発生

帯電した粒子、空気イオン等が物体に付着することによって、物体に過剰

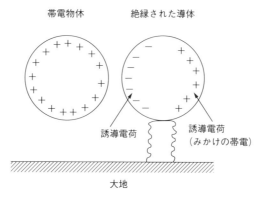

図1.2　静電誘導によるみかけの帯電[4]

電荷が蓄積され帯電し、静電気が発生したことと同じになる。

1.1.3 静電気発生に影響する主な要因[3]

（1）物体の種類

　接触分離する二つの物体の種類及び組合せは、発生する静電気の大きさ及び極性に影響する。**表1.1**は、電子を移動させ易い物体と移動させ難い物体の序列で、帯電列と呼ばれる。上にあるものほど電子を移動させ易く電子を失って正に帯電し、下にあるものほど電子を移動させ難く電子を受け取って負に帯電する。また、この序列が離れているものほど、接触分離した場合、帯電電位が大きくなり、近いものほど帯電電位が小さくなる傾向がある。この特性を使った静電気対策の例をコラム1に示す。

（2）異物・不純物

　物体に異物・不純物が混入すると、静電気の発生が大きくなる傾向がある。ただし、異物・不純物の混入によって物体の導電率が高くなる場合は、静電気が漏洩し易くなるため、一般に帯電量は減少する。

表1.1　帯電列（一例）[3]

金属	繊維	天然物質	合成樹脂
（＋）	（＋）	（＋）	（＋）
		アスベスト	
		人毛・毛皮	
		ガラス	
		雲母	
	羊毛		
	ナイロン		
	レーヨン		
鉛	絹		
	木綿	綿	
	麻		
		木材	
		人の皮膚	
	ガラス繊維		
亜鉛	アセテート		
アルミニューム			
		紙	
クロム			
			エボナイト
鉄			
銅			
ニッケル			
金		ゴム	ポリスチレン
	ビニロン		
白金			ポリプロピレン
	ポリエステル		
	アクリル		
			ポリエチレン
	ポリ塩化ビニリデン	セルロイド	
		セロファン	
			塩化ビニル
			ポリテトラフロロエチレン
（－）	（－）	（－）	（－）

（注）　1.　帯電列中の二つの物質を摩擦又は剥離したとき、上の物質が正極性（＋）に帯電し、下の物質が負
　　　　　極性（－）に帯電する。その帯電量は帯電列中の位置が離れているほど大きくなる傾向がある。
　　　　2.　表の帯電列は物質の種類別に示されているが、種類を越えて二つの物質間の上下の位置関係によって
　　　　　比較できるように並べられている。

(3) 表面状態

　静電気の発生現象は、物体の表面または界面の現象であるので、表面状態が静電気の発生に大きく影響する。一般に、表面が汚れている時、表面の電気抵抗が大きくなり、静電気の発生が大きくなる傾向がある。

(4) 発生の履歴

　物体の静電気発生（帯電）の履歴は、その後の帯電状態に影響する。一般に、①初回及び初期の帯電が大きく、②帯電の繰返し及び持続によって、帯電が小さくなる傾向がある。

(5) 接触面積・接触圧力

　接触面積や接触圧力が大きいほど、静電気の発生が大きくなる傾向がある。

(6) 分離速度

　分離速度が大きいほど、静電気の発生が大きくなる傾向がある。

(7) 湿度

　相対湿度が増加すると静電気の発生が小さくなる傾向がある。湿度が増加すると物体表面に薄い水膜が形成され、静電気はそれを伝わって漏洩するため静電気の発生が小さくなる。相対湿度と帯電電位の関係をコラム2に示す。

コラム1

帯電列による静電気対策：帯電列の序列の近いもの同士を使うことで静電気の発生を抑えることも可能である。例えば、木綿の下着にポリエステル・綿混紡（65：35）の作業服を着た場合は、人体は11.1kVに帯電したが、木綿の下着に木綿の作業服を着た場合は1.2kVであったという報告がある[5]（表1.1）。

コラム2

相対湿度と帯電電位の関係：図1.3[5]に示すように、相対湿度が45%以下になると急速に静電気による帯電が大きくなり、50%以上になると静電気による帯電が小さくなる。これは、相対湿度がおよそ50%とになると、物体の表面に水分子が吸着して水分子層が形成され、静電気はそれを伝わって漏洩するからである。

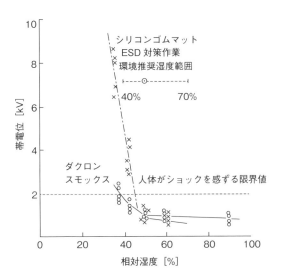

図1.3　相対湿度と帯電電位の関係[5]

1.2 | 静電気の緩和と帯電[3)]

　静電気緩和は、物体上に発生した静電気が失われる現象、すなわち正電荷と負電荷の均衡が回復する現象で、主に放電または導電によって生じる。

1.2.1 | 放電による緩和

　放電による緩和は、物体上の静電気が空気中に放電して起こる。この現象は、物体の分離の際や物体の帯電電位の上昇の際に起こる。後で述べるように、人体の帯電防止のために用いられる導電性繊維を織り込んだブレスレット等は、この現象を利用したもので、細い導電性繊維ほど低電位で放電して人体の帯電を防止することができる。しかし、実際は、周囲全体が対極になるため、放電極としての繊維の電界強度が上がらず低電位での放電は困難である。

1.2.2 | 導電による緩和

　導電による緩和は、主に帯電物体と大地間との電気伝導によって起こる。帯電物体が導体の場合は、帯電電荷量 Q [C] は、時間 t [s] と共に次式のように減衰する。

　　$Q = Q_0 \exp(-t/RC)$

　Q_0：帯電電荷量の初期値[C]　　R：導体と大地間の電気抵抗(漏洩抵抗)[Ω]

　　C：導体の大地に対する静電容量[F]

　R と C との積は、緩和時間と呼ばれ、この値が大きいほど緩和が遅く帯電し易い。

1.2.3 | 静電気帯電

　静電気帯電は、静電気緩和が遅く静電気が物体に蓄積する現象である。静

電気緩和は、前述したように、放電と導電による緩和があるが、放電による場合は、空気中に放電するまで物体の電位は上昇を続けるが、帯電電位が約3kVを超えると物体のエッジからコロナ放電が発生し、物体のエッジの電界強度が約30kV/cmを超えると火花放電が発生する（パッシェンの法則）。永遠に静電気の蓄積が続くわけではない。導電による場合は、物体表面と大地との間の総合抵抗（漏洩抵抗）が$10^8 \Omega$を超えると静電気による帯電が顕著に現れる。

表1.2　静電気対策グッズの比較評価結果

項目	①放電して静電気を除去するタイプ[*1]			②漏洩させて静電気を除去するタイプ[*2]		
	ブレスレット1	ブレスレット2	ネックレス	キーホルダー1	キーホルダー2	シート
外観						
除電効果	効果弱 ・除電時間：49秒[*3]	効果弱 ・除電時間：48秒[*3]	効果弱 ・除電時間：85秒[*3]	効果良好 ・除電時間：1秒以下[*4] ・電撃なし	効果良好 ・除電時間：1秒以下[*4] ・電撃なし	効果良好 ・除電時間：1秒以下[*4] ・電撃なし
価格	安価	安価	高価	安価	高価	安価
備考	・除電効果は弱いが、価格は安い	・除電効果は弱いが、価格は安い	・除電効果はかなり弱く、価格が高い	・除電時のネオン管の点灯が非常に見やすい ・除電効果は良好で、価格が安い	・除電時のネオン管の点灯が見やすい ・除電効果は良好であるが、価格が高い	・除電効果は良好 ・価格はやや安い
評価結果[*5]	△	△	×	◎	○	◎

*1）除電原理：人体が帯電すると装着している静電気対策用のブレスレット、ネックレスの導電性繊維の先端からコロナ放電が発生して、静電気は正負のイオンとなって消費される。

*2）除電原理：接地された金属板等に静電気対策用のキーホルダー、シートを介して、人体から静電気をゆっくり、電撃を受けないように漏洩させる。キーホルダーは、車に乗る前に車のドアノブに接触させて人体から静電気を逃がす、シートは接地された扉に貼って、ドアのノブに触れる前に、触れて静電気を逃がす。

*3）除電時間：帯電プレートモニタの帯電プレートの電位が−5kVから-3kVに減衰するまでの時間。ただし、実験系からの漏洩による電位の自然減衰時間は200秒。

*4）除電時間：帯電プレートモニタの帯電プレートの電位が−5kVから−0.5kVに減衰するまでの時間。

*5）×＜△＜○＜◎の順に性能が良いことを示している。

1.2.4 静電気緩和による静電気除去グッズの性能評価

　人体帯電防止のために多種類の静電気除去グッズが市販されているが、その効果に懐疑的なものが多い。そこで主な静電気除去グッズの性能評価を行った。評価したのは、①放電して静電気を除去するタイプとして、導電性繊維を織り込んだブレスレット、ネックレスと、②漏洩（導電）させて静電気を除去するタイプとして、キーホルダー、シートの評価を行った。その評価結果を**表1.2**に示す。

　帯電プレートモニタ（イオンシステムズ社 CPM210）で、電気的に絶縁された人体をおよそ−5kVに帯電させて、①ブレスレット、ネックレスを装着した場合としない場合について、人体の除電時間（−5kV→−3kV、自然減衰時間：200秒）を測定した。また、②キーホルダーはその先端を接地された金属板に触れて、シートは接地された金属板に貼ってそれに指で触れて、それぞれ人体の除電時間（−5kV→−0.5kV）を測定した。

　①放電して静電気を除去するタイプは、除電の効果は弱かった。このタイプは、人体の帯電によりブレスレットやネックレスに織り込まれている導電性繊維の先端に電界集中が起きその先端で放電が発生するが、導電性繊維の先端（放電電極に相当）の対極は空間全体であるため、−5kV程度の帯電では導電性繊維の先端の電界強度が大きくならず、ほとんど放電しないことが原因と思われる。②漏洩（導電）させて静電気を除去するタイプは、除電効果は、良好であった。

　この章では、静電気とは何であるか、また、静電気はどのように発生するのか、さらに、静電気発生に影響する主な要因、静電気の緩和と帯電について概要を述べた。

　第2章以降、各種クリーンルームにおける静電気障害とその対策について、詳細を述べる。

【第1章　参考及び引用文献】

1）静電気学会編；"新版 静電気ハンドブック"，オーム社，1998

2）堤井信力；"静電気のABC"，講談社，1998

3）（独）産業安全研究所編；"産業安全研究所技術指針 静電気安全指針 RIIS-TR-87-1"，産業安全技術協会，1988

4）早川一也 編著；"クリーンルーム　スーパークリーンルームの理論と実際"，井上書院，p.282-293, 1985

5）早川一也監修；"半導体工業における汚染防除技術　総合資料集成"，フジ・テクノシステム p.123-142，1983

第 2 章

半導体・液晶製造、医薬品製造等のクリーンルームにおける静電気障害

この章では、半導体・液晶製造、医薬品製造等のクリーンルームやそれらの中の危険物を取り扱う工程及び施設における主な静電気障害について、詳細に述べる。

2.1 | 半導体・液晶製造のクリーンルームにおける静電気障害

　液晶パネルや半導体デバイス製造において、浮遊微粒子汚染防止の観点から清浄な製造環境（クリーンルーム）が必要とされている。半導体デバイス製造では、微粒子が、シリコン基板（ウェハ）上に存在した場合、リソグラフィ工程ではパターン欠陥、絶縁膜形成工程では微粒子の取込み、そしてイオン打込み工程ではマスキングなどを引起し、電気的なショート／オープンなどデバイス特性劣化の原因となる。このようなデバイス特性に影響を及ぼす微粒子のサイズは、経験的に加工寸法の1/2程度とされ、最小加工線幅が$0.05\mu m$のデバイスでは$0.026\mu m$となる[1]。このように、微粒子汚染を防止するために、製造プロセスから排除しなければならない微粒子径は、非常に微細である。

　また、一方液晶パネルや半導体デバイス製造のクリーンルームは、一般に静電気の発生し易い湿度環境（40〜45%RH程度）である。その上、機材・道具には、ウェハやガラス基板（液晶パネルの基板）との接触による発塵防止や耐薬品性の要求からプラスチックスが多用されている。それ故、搬送やハンドリング時に、ウェハやガラス基板が極めて帯電し易い。このような環境下で、ウェハは、スピンコータ、リンサードライヤ等の処理工程で、容易に数千ボルトに帯電することが知られている[2]。そのような静電気帯電により、液晶パネルや半導体デバイスの製造工程において種々の静電気障害が発生し、それに伴い歩留り低下を引起し問題になっている。

　そのため、液晶パネルや半導体デバイス製造のクリーンルームでは、清浄な製造環境を維持しつつ、静電気を除去する技術が求められている。

　液晶パネルや半導体デバイス製造のクリーンルームにおける、主な静電気障害を以下に示す。静電気によるウェハやガラス基板面上への微粒子付着ばかりでなく、ウェハやガラス基板上の集積回路の静電破壊も重大な問題に

なっている。

①静電気の力学現象による障害

　－塵埃付着による、ウェハやガラス基板上の集積回路の品質不良

②静電気の放電現象による障害

　－放電による、ウェハやガラス基板上の集積回路の静電破壊

　－放電による可燃性のガス・蒸気及び粉体の着火爆発

　－放電時に放射される不規則な電磁波による、電子回路を内蔵した製造装
　　置やコンピュータの誤動作

　－電撃ショックによる、作業者の作業能率の低下

2.1.1 | 浮遊微粒子汚染

　以前からウェハやガラス基板表面への微粒子付着が、静電気帯電によって促進されることは経験的に知られていたが、1987年に、ミネソタ大学のLiuら[3] や、さらに、それに続く多くの研究者[4-6] により、ウェハの微粒子汚染への静電気力の影響が、理論的に、定量的に、把握されるようになった。それにより、静電気が液晶パネルや半導体デバイスの歩留りに、重大な影響を与えることが、再認識されるようになった。以下に、Liuらの提案した微粒子沈着モデルについて説明する。

　微粒子のウェハ上への沈着は、一般に（2.1）式で表される平均沈着速度V_dによって評価される。この沈着速度は、単位時間、単位面積当たりに、ウェハに付着する微粒子数に比例する。また、（2.2）〜（2.4）式はブラウン拡散、静電気力、重力による沈着速度V_D、V_e、V_gをそれぞれ表している。これらの沈着速度の合計が、ウェハ上への平均沈着速度V_dを表す。

$$V_d = J/N = V_D + V_e + V_g \tag{2.1}$$

$$V_D = 1.08\,(D/D_w)\,Sc^{1/3}Re^{1/2} \tag{2.2}$$

$$V_e = C_c n_p eE/(3\pi\mu d_p) \tag{2.3}$$

$$V_g = C_c \rho_p d_p^{\,2} g/(18\mu) \tag{2.4}$$

ここで、J：ウェハ上への粒子の沈着フラックス［個/m^2·s］

N：ウェハ周りの粒子の平均濃度［個/m^3］

V_D：ブラウン拡散による粒子の平均沈着速度［m/s］

V_e：静電気力による粒子の平均移動速度［m/s］

V_g：重力による粒子の終末沈降速度［m/s］

D：拡散係数［m^2/s］

D_w：ウェハ直径［m］

S_c：シュミット数［-］

R_e：ウェハ直径Dw基準のレイノルズ数［-］

n：粒子濃度［個/m^3］

n_p：電荷個数［個］

e：電荷素量$1.6×10^{-19}$［A·s］　　　E：平均電界強度［V/m］

ρ_p：粒子密度［kg/m^3］　　　　μ：空気の粘度［kg/m·s］

d_p：粒子直径［m］

C_c：カニンガムの補正係数［-］

g：重力加速度9.8［m/s^2］

　（2.2）式は、Liuら[3]が、Sparrowら[7]の得たナフタリンを円板上から昇華させた時の物質移動の実験式を、水平に置かれたウェハ上へのブラウン拡散による沈着に適用して得られた式である。垂直に置かれたウェハ表面への沈着の場合は、（2.2）式の係数1.08を0.739に置換えればよい。（2.3）式は、n_p個の電荷を持つ荷電粒子が、電界強度E下で受ける静電気引力（クーロン力）n_peEと、それによる移動の際、荷電粒子が受ける空気の抗力$3\pi\mu d_p V_e$/C_cとの釣合いの式より得られる。ただし、ウェハ表面では電界強度Eに分布があるので、（2.3）式ではEは平均電界強度を表している。よって、静電気による沈着速度V_eも平均値を表す。また、（2.4）式は、粒子に働く重力$\pi\rho_p d_p^3 g$/6と、重力沈降の際受ける空気の抗力$3\pi\mu d_p V_g$/C_cとの釣合いの式より得られる。

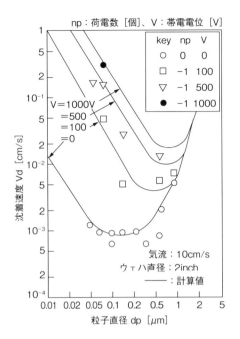

図2.1　水平に置かれたウェハに一定電圧を印加し
た時の帯電・無帯電粒子の沈着速度[6]

　図2.1は、Liuら[3]が提案したウェハ上への微粒子沈着モデルを、江見[6]
が実験的に検証したものである。2inchウェハを10cm/sの下降一方向流下
に水平に置いて、粒子とウェハが共に帯電していない場合と粒子とウェハが
互いに逆極性に帯電している場合（クーロン力が作用している場合）につい
て実験している。
　ここでは、静電気力として支配的であるクーロン力のみを考慮している。
また、粒子上の電荷数は、故意に各粒子径において電荷が1個ずつ粒子に
乗っている場合と乗っていない場合の条件をつくりだし検証を試みている。
実際の製造プロセスで発生する微粒子に、幾つの電荷が乗っているかは、粒
子上に乗ることが可能な電荷数の範囲が広すぎるため推定することは困難で
あるが、一般に大気中には正負の両極イオンが数千対/cm[3]あり、そのよう
な環境では、粒子と正負イオンが衝突を繰り返し数十分で、正負イオンを等

表2.1 ボルツマン平衡荷電分布のときのエアロゾル粒子の荷電数分布[8]

粒径 [μm]	平均荷 電数	下記の荷電数をもつ粒子の全体に占める割合 [%]								
		＜－3	－3	－2	－1	0	＋1	＋2	＋3	＞＋3
0.01	0.007				0.3	99.3	0.3			
0.02	0.104				5.2	89.6	5.2			
0.05	0.411			0.6	19.3	60.2	19.3	0.6		
0.1	0.672		0.3	4.4	24.1	42.6	24.1	4.4	0.3	
0.2	1.00	0.3	2.3	9.6	22.6	30.1	22.6	9.6	2.3	0.3
0.5	1.64	4.6	6.8	12.1	17.0	19.0	17.0	12.1	6.8	4.6
1.0	2.34	11.8	8.1	10.7	12.7	13.5	12.7	10.7	8.1	11.8
2.0	3.33	20.1	7.4	8.5	9.3	9.5	9.3	8.5	7.4	20.1
5.0	5.28	29.8	5.4	5.8	6.0	6.0	6.0	5.8	5.4	29.8
10.0	7.47	35.4	4.0	4.2	4.2	4.3	4.2	4.2	4.0	35.4

量発生するイオナイザー下（正負イオンおよそ百万対/cm^3）では数秒で、
表2.1に示すような平衡荷電状態（各粒径毎に、正に帯電した微粒子と負に帯電した微粒子が等量存在する状態）に到達することが知られている[8]。

　図2.1に示されているように、上記条件での検証の結果、実験データにばらつきはあるが、計算結果（実線）と比較的よく一致することがわかる。

　粒子径d_pが1μm以上では重力が支配的で、0.5μm以下の粒子に対してはブラウン拡散または静電気力が支配的となる（図2.1）。粒子上の荷電数n_p＝0個、ウェハ帯電電位V＝0Vの時の左上がりの曲線は、ブラウン拡散による微粒子沈着速度を、n_p＝－1個（1個の負極性電荷e＝－1.602×10^{-19}Cを意味している）、V＝100～1000V時の左上がりの曲線は、ブラウン拡散と静電気力の和による沈着速度を示している。この0.5μm以下の領域では、ブラウン拡散のみの沈着速度に比べて、静電気力により、沈着速度が飛躍的に増大することがわかる。そして、粒径が小さくなるほど、微粒子沈着速度は大きくなっており、クリーンルームにおける制御粒径（排除粒子径）が小さくなるほど、静電気力（クーロン力）による微粒子汚染は、重大な問題になることが予想される。

2.1.2 | 静電破壊

　静電気によるウェハやガラス基板上の集積回路破壊は、①帯電圧による絶縁膜の絶縁破壊と、②静電気放電（ESD）時の過電流に伴うジュール熱の発生による回路の溶断がある。一例を**図2.2**[9]に示す。

　電気回路の集積度の、飛躍的な増加にともなって、絶縁膜も薄膜化し、16MDRAMでは、酸化膜換算で5〜6nmになっている。電気回路設計による対策も取られているが、薄膜化によりESDに対する耐性が低下するため、**表2.2**[9]に示すように、数十Vで静電破壊をおこす集積回路もある。また、

図2.2　MOSコンデンサ上の表面の一部に静電破壊で生じた穴[9]
　　　　左：4300倍、右：175倍

表2.2　ESDによる半導体デバイスの静電破壊電圧（一例）[9]

デバイスの種類	静電破壊電圧 [V]
MOS/FET	100〜200
J-FET	140〜1万
CMOS	250〜2,000
ショットキ・ダイオード	300〜2,500
ショットキ・TTL	1,000〜2,500
バイポーラ・トランジスタ	380〜7,000
VMOS	30〜1,800
SCR	680〜1,000

完全な破壊以外に、集積回路の性能が劣化するだけの、潜在的な故障もある。潜在的な故障は、検査工程でチェックできないため、静電破壊より、むしろ厄介な問題となっている。

2.2 | 医薬品製造のクリーンルームにおける静電気障害

　近年、医薬品製造のクリーンルームにおいて、静電気帯電による医薬品への異物混入や静電気放電による可燃性のガス・蒸気への着火爆発等の静電気障害が、製品の歩留り低下や事故を引き起し、問題になっている[10,11]。

　一方、医薬品製造でもクリーンルームのような清浄環境を必要としている[12]。そのため、医薬品製造においても清浄な製造環境を維持しつつ、静電気を除去する技術が求められている。医薬品製造のクリーンルームにおける、主な静電気障害を以下に示す[10,11]。

①静電気の力学現象による障害
　−粉末製剤等の粉体の帯電した包装材内面への付着による品質不良や量不足
　−医薬品等の帯電した製品への異物混入による品質不良
②静電気の放電現象による障害
　−放電による可燃性のガス・蒸気及び粉体の着火爆発
　−放電時に放射される不規則な電磁波による、電子回路を内蔵した製造装置やコンピュータの誤動作
　−電撃ショックによる、作業者の作業能率の低下

2.3 危険物を取り扱う工程及び施設における静電気障害

　半導体・液晶、医薬品製造及びそれらに関連した製造で、多量の可燃性液体や粉体を取り扱う工程及び施設の主な静電気障害は、静電気放電による可燃性のガス・蒸気及び粉体の着火・爆発である[11,13]。

　近年における火災総件数は年間およそ40,000〜50,000件で、その内静電気放電が着火源と推定される火災は0.07%程度であるが、危険物を取り扱う工程を含む施設、つまり危険物取扱施設に限定するとおよそ17.0%にもなる[13]。ここで問題なのは、危険物取扱施設では当然静電気対策が実施されているはずであるが、それでもおよそ17.0%が、静電気が原因で火災が起きていることである。従って、危険物取扱施設では、爆発・火災防止上、静電気対策が非常に重要である。

　この章では、半導体・液晶製造、医薬品製造等のクリーンルームにおける主な静電気障害について述べた。特に、微粒子汚染と静電破壊について、詳細に説明した。さらに、半導体・液晶、医薬品製造及びそれらに関連した製造で危険物を取り扱う工程及び施設における主な静電気障害についても述べた。

　第3章以降、これらの静電気障害を解決するための静電気対策について述べる。特に、危険物を取り扱う工程及び施設における静電気対策については、第3章で具体的に詳細に述べる。

【第2章　参考及び引用文献】

1）ITRS 2007Edition, Yield Enhancement
2）R.Wilson：Proceeding of 33rd Annual Technical Meeting of the IES, May, p.466, （1987）
3）B.Y.H.Liu, B.Fardi, K.H.Ahn：Proceeding of 33rd Annual Technical Meeting of the IES, May, p.461, （1987）

4）藤井修二,謝国平,金光映：第7回空気清浄とコンタミネーションコントロール研究大会予稿集，p.17,（1988）

5）阪田総一郎,岡田孝夫：第7回 空気清浄とコンタミネーションコントロール研究大会予稿集，p.21,（1988）

6）江見：'88クリーンテクノロジーシンポジウム予稿集，p.3-1-1,（1988）

7）Sparrow, E.M., G.T.Geiger：Local and average heat transfer characteristics for a disk situated perpendicular to a uniform flow, J. Heat Transfer, Vol.107（5. 1985）p.321

8）ウィリアム C.ハインズ著，早川一也監訳：エアロゾルテクノロジー，井上書院（1985）p.291

9）Chuck Murray：静電気をコントロールしてLSIの破壊や微粒子の吸着を防ぐ，日経マイクロデバイス，No.4（10.1985）p.89

10）深尾 仁：空気調和と冷凍, **25**（1985.3）106

11）村田雄司：静電気の基礎と帯電防止技術，日刊工業新聞社（1998）75

12）長岡明正：クリーンルームで発生する総合トラブル対策‐実例集‐，技術情報協会（2012）528

13）田村裕之：静電気学会誌，**43**（2019.6）238

半導体・液晶製造、医薬品製造等のクリーンルームにおける静電気対策の方法

静電気対策の方法は、一般に、大別して、①除電対象物を導電化し接地により静電荷を散逸させる方法と、②帯電体上の静電荷をそれと逆極性の空気イオンにより中和する方法（イオナイザーによる方法）とがある。以下に、それぞれの方法について述べる。

3.1 接地により静電荷を散逸させる方法

　この方法については、（社）産業安全技術協会が発行している（独）労働安全衛生総合研究所著「労働安全衛生総合研究所技術指針　静電気安全指針2007」に詳細に記述されているので、それに沿って述べる。

3.1.1 静電気を管理するための主な物理量と測定装置及び方法

　静電気を管理するための主な物理量は、帯電電位と電気抵抗である。帯電電位は、非接触で物体の表面の帯電電位を表面電位計で測定する。表面電位計を使用する上での注意点をコラム3に示す。

コラム3

表面電位計を使用する上での注意点：①センサー部と被測定面との間の距離を正確にとる、②表面電位計を接地する、③センサー部がセンシングしている面積より広い範囲の平面を測定する。一般的には、センサー部がセンシングしている測定範囲は、およそ直径10cmで、表面電位計はその中の帯電電位を平均化して表示している。そのため測定範囲よりも小さな物体は正確に測定できない。

　電気抵抗は、漏洩抵抗、靴の電気抵抗、台車の車輪の電気抵抗、物体の体積抵抗率及び表面抵抗率等があり、$10^9\Omega$ 以上測定できる高絶縁抵抗計や超絶縁抵抗計を用いて測定される。これらの電気抵抗の測定方法を下記に示す。

（1）漏洩抵抗

　漏洩抵抗は、被測定面と大地との間の総合抵抗で、静電気の逃がし易さを示している。図3.1に示すように、被測定面に測定用電極を押し付けて、測

定する。測定用電極の仕様については上記「静電気安全指針」に詳細に規定されているが、図3.1に示す簡易電極でも十分正確に測定できる。

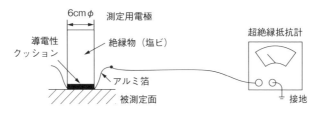

注：漏洩抵抗は、被測定面と大地の間の抵抗で、
　　静電気の逃がしやすさを示している。

測定範囲：$5 \times 10^5\,\Omega \sim 2 \times 10^{16}\,\Omega$

図3.1　漏洩抵抗の測定方法

(2) 靴の電気抵抗と台車の車輪の電気抵抗

　靴の電気抵抗は、**図3.2**に示すように靴の下に金属板を敷いて人体と金属板の間の電気抵抗を測定して求める。靴の電気抵抗の測定方法は、上記「静電気安全指針」に詳細に規定されているが、図3.2に示す簡易的な方法でも十分正確に測定できる。車輪の電気抵抗も車輪の下に金属板を敷いて台車と金属板の間の電気抵抗を測定して簡易的に求めることができる。

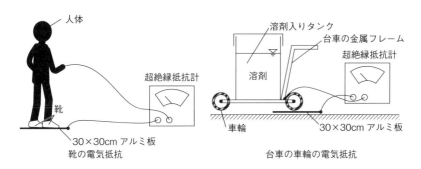

図3.2　靴の電気抵抗と車輪の電気抵抗の測定方法

(3) 体積抵抗率と表面抵抗率

体積抵抗率は、物体内部の単位長さを一辺とする立法体に対して、対向する二面間の抵抗であり、表面抵抗率は、物体表面の単位長さを一辺とする正方形に対して、対向する二辺間の抵抗と定義されている。測定用の電極セルの形状も上記「静電気安全指針」に詳細に規定されている。

3.1.2 | 静電気対策と評価指標

測定した物理量が適正な値であるか評価する指標が必要である。上述した「静電気安全指針」から、静電気により帯電する対象が、導体、作業者、不導体の時の静電気対策（帯電防止方法）と評価指標について以下に述べる[1,2]。

(1) 導体の帯電防止

静電気上の導体とは、**表3.1**に示す導体、電荷拡散性の物体で、そしてこれらの物体は接地することにより静電荷を大地に漏洩させる効果がある。導体を帯電防止する方法は、導体を漏洩抵抗（物体表面と大地との間の総合抵抗で、静電気の逃し易さを示している）が$10^6\Omega$以下（ただし，接地極の接地抵抗は1000Ω以下）になるように接地することである。導体の漏洩抵抗の管理指標を**表3.2**に示す。経験的には、漏洩抵抗が$10^8\Omega$までは導体の接地による帯電防止効果がある。また、導体間のボンディング抵抗は、必要な漏洩抵抗を確保するために1000Ω以下にする。

(2) 作業者の帯電防止

可燃性ガス・蒸気の着火爆発を引き起す危険のある、作業者の帯電に起因する静電気放電を防止するためには、作業者の漏洩抵抗を$10^8\Omega$以下にして作業者の帯電電位を100V以下にする必要がある。人体の漏洩抵抗は主に靴の電気抵抗と床の漏洩抵抗の和である。靴の電気抵抗は、**表3.3**に示すように、JIS T 8103：2010（静電気帯電防止靴の性能）に規定がある。それに準

表3.1　導体、不導体の静電気特性[1]

	体積抵抗率　ρ_v [Ωm]	表面抵抗率　ρ_s [Ω]
導体	$\rho_v < 10^3$	$\rho_s < 10^6$
電荷拡散性[*1]	$10^3 \leqq \rho_v < 10^8$	$10^6 \leqq \rho_s < 10^{10}$
不導体	$\rho \geqq 10^8$	$\rho_s \geqq 10^{10}$

＊1）導電性材料（物体）はこの領域

表3.2　導体、導電性物体の漏洩抵抗の管理指標[1]

漏洩抵抗　[Ω][*1]	帯電の程度	典型的な帯電電位　[kV][*2]
$< 10^6$	ほとんどなし	< 0.01
$10^6 \sim 10^8$	小さい	$0.01 \sim 1$
$10^8 \sim 10^{10}$	大きい	$1 \sim 100$
$> 10^{10}$	非常に大きい	> 100

＊1）漏洩抵抗は、物体表面と大地との間の総合抵抗で、静電気の逃し易さを示す。
＊2）発生電流が10μAとした時の帯電電位を示す。

じて、この「静電気安全指針」では、靴の電気抵抗は、交流400V以下の配電線による感電防止も考慮して$10^5 \sim 10^8$Ωにし、床の漏洩抵抗を10^8Ω以下にしている。ただし、静電気的に危険な場所（Zone0（ⅡC）、Zone1（ⅡC））では、作業者の漏洩抵抗は10^6Ω以下にする必要がある。これに伴って、求められる作業者の帯電電位、床の漏洩抵抗はより低くなる。なお、上記のZone0、Zone1は、危険場所のクラス分けを示していて、**表3.4**のように定義されている。2＜1＜0の順に着火の危険性が高い場所を示している。また、ⅡCは、危険場所で取り扱われているガスのグループの分類を示していて、**表3.5**のように定義されている。ⅡA＜ⅡB＜ⅡCの順に着火の危険性が高くなる。

(3) 不導体の帯電防止

　不導体は、接地が取れないため接地による帯電防止が困難なので、使用制限を行っている。危険場所（Zone0、1、2）と可燃性ガス・蒸気グループ（GroupⅡA、ⅡB、ⅡC）の最小着火エネルギーMIE（GroupⅡA：＞

表3.3　静電気帯電防止靴の性能（JIS T 8103：2010）

区分	種別	電気抵抗R［Ω］	
		測定温度23＋/−2℃	測定温度0＋2/0℃
静電靴	一般	$1.0 \times 10^5 \leqq R \leqq 1.0 \times 10^8$	$1.0 \times 10^5 \leqq R \leqq 1.0 \times 10^9$
	特種	$1.0 \times 10^5 \leqq R \leqq 1.0 \times 10^7$	$1.0 \times 10^5 \leqq R \leqq 1.0 \times 10^8$
導電靴	−	$R < 1.0 \times 10^5$	$R < 1.0 \times 10^5$

＊1）静電靴の抵抗の下限値（1.0×10^5Ω）は、低電圧路（交流400V以下）に接触した場合に、人体の感電を考慮して設けられている。
＊2）爆発高危険区域（Zone0（ⅡC）、Zone1（ⅡC）の危険場所）：特種静電靴又は導電靴を使用する。ただし、床の漏洩抵抗は、1.0×10^7Ω未満。
＊3）爆発危険区域（Zone0（ⅡC）、Zone1（ⅡC）以外の危険場所）：一般静電靴、特種静電靴又は導電靴を使用する。ただし、床の漏洩抵抗は、1.0×10^8Ω未満。

表3.4　危険場所のクラス分け[1]

危険場所	定義
Zone 0	連続して、または長期間にわたり、もしくは頻繁にガス・蒸気爆発性雰囲気となる場所
Zone 1	通常作業において、ガス・蒸気爆発性雰囲気となる可能性が時折ある場所
Zone 2	通常作業において、ガス・蒸気爆発性雰囲気となる可能性が低いか、なったとしても短い期間のみである場所

表3.5　ガスグループの分類[1]

Group	代表的ガス	最小着火エネルギー［mJ］
ⅡA	プロパン	＞0.25
ⅡB	エチレン	0.02〜0.25
ⅡC	水素	＜0.02

0.25mJ、Group ⅡB：0.02〜0.25mJ、Group ⅡC：＜0.02mJ）によって、**表3.6**のように使用できる不導体の面積または幅を制限している。また、不導体の帯電電位の管理指標としては、雰囲気の最小着火エネルギーMIEによって不導体の帯電電位を、1kV（MIE＜0.1mJの時）、5kV（0.1mJ≦MIE＜1mJの時）、10kV（MIE≧1mJの時）以下に管理する方法がある（**表3.7**[2]）。表3.7では、不導体の帯電電位から帯電した不導体からの放電エネ

表3.6　不導体の面積・幅による管理指標[1]

Zone[*1]	Group ⅡA[*2]		Group ⅡB		Group ⅡC	
	最大面積 [cm²]	最大幅[*3] [cm]	最大面積 [cm²]	最大幅 [cm]	最大面積 [cm²]	最大幅 [cm]
0	50	0.3	25	0.3	4	0.1
1	100	3.0	100	3.0	20	2.0
2	制限なし	制限なし	制限なし	制限なし	制限なし	制限なし

*1) 危険場所の種別を示す。2＜1＜0の順に着火の危険性が高い場所を示す。
*2) 可燃性ガス・蒸気の分類を示す。ⅡA＜ⅡB＜ⅡCの順に着火の危険性が高くなる。
　　最小着火エネルギー：ⅡA＞0.25mJ、ⅡB 0.02～0.25mJ、ⅡC＜0.02mJ
*3) 幅は細管やケーブルの被覆など狭い幅（直径）を持つ不導体に適用する。

表3.7　不導体の帯電電位の管理指標[2]

可燃性物質の最小着火エネルギー [mJ]	帯電電位の指標 [kV]	表面電荷密度の指標 [μC/m²]
0.1以下	1以下	1以下
0.1～1	5以下	3以下
1～10	10以下	7以下
10以上	10以下	10以下

ルギーつまり可燃性物質の最小着火エネルギーが求められる。例えば、1kV以下に帯電した不導体に触れた際に発生する放電エネルギーは0.1mJ以下で、最小着火エネルギーが0.1mJ以下の可燃性物質の時着火することを表している。

　不導体の帯電防止対策としては、①導電性の向上、②静電遮蔽、③イオナイザーの使用（空気イオンによる静電荷の中和）による方法がある。

①導電性の向上：不導体の物体を金属材料、導電性材料に置き換え、これを適切に接地する。接地は、簡単に接地極が外れたり、簡単に接地線が切れたりしないように装着する。また、吸湿性の不導体の場合は、単に大きな帯電を防止するためには雰囲気を相対湿度50％以上に加湿し、加湿効果

を高めるためには65%以上に加湿する方法もある。加湿により物体表面に水分子層が形成され、静電気はそれを伝わって漏洩する。

②静電遮蔽：不導体を接地された金属網等の導体または導電性材料で覆うことにより不導体を静電遮蔽する方法である。不導体自体の帯電を防止できないが、不導体からの放電を防止できる。

③イオナイザーの使用：接地が取れないものや接触による汚染が懸念される場合は、以下の3.2で述べる空気イオンにより非接触で除電する方法が、大変有効である。

3.1.3 防爆施設の各工程における静電気対策例

この項では、防爆施設の各工程における静電気対策の具体的な事例を紹介する。

（1）作業者、移動タンク及び台車

有機溶剤等を扱う施設では、耐薬品性の観点からエポキシ塗装等の不導体の床が、一般的に用いられる。それ故、作業者は導電性靴を着用しても帯電する。対策としては、床を漏洩抵抗が$10^5 \sim 10^8 \Omega$になるように導電化することが必要であるが、それができない場合は、**図3.3**のように接地された導電性マットを敷いてその上を歩行する。静電気（静電荷）は、人体から導電性靴を通って導電性マットを通って、大地に漏洩する。靴とマットが導電性の時、作業者の除電が可能になり、どちらか電気抵抗の高い方が静電気の漏洩速度の律速となり、静電気は漏洩する。ここで、導電性マットとは、漏洩抵抗が0Ωのマットではなく$10^5 \sim 10^8 \Omega$のマットを意味する。また、接地をとる際の大原則は、①接地は外したり装着したりしない、②接地が容易に外れないように固定する、③接地線は容易に切れない太さの電線を使用する、である。

車輪が不導体の台車に溶剤の入った移動タンク（金属タンク）を載せて、不導体の床の上を移動するような場合は、移動タンクを間接的に接地するこ

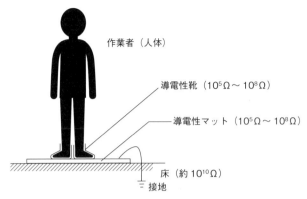

作業者（人体）

導電性靴（$10^5\Omega \sim 10^8\Omega$）

導電性マット（$10^5\Omega \sim 10^8\Omega$）

床（約 $10^{10}\Omega$）
接地

静電荷の漏洩経路：人体→導電性靴→導電性マット→大地

図3.3　人体の帯電防止の原理図

とができない。また、移動タンクから直接接地をとることもできない。この場合、静電気の逃げる経路がないので金属タンク内の溶剤は帯電する。そのため、接地は上述したように外したり装着したりしないのが大原則であるが、移動先で移動タンクから直接接地をとって作業を行う。しかし、この場合、**図3.4**にあるように、接地の手順を守る必要がある。移動先で、小分け、移し替え、充填の作業を行う前に、接地プラグを装着してから、移動タンクの蓋を開けて作業を行い、作業後、蓋をしてから接地プラグを外す手順を守る必要がある。接地は、可燃性蒸気・ガスが漏れているときに装着したり外したりしない。それは、接地プラグと移動タンクとの間で、火花放電が生じ、漏れている可燃性蒸気・ガスに着火する危険があるからである。

(2) 溶解槽等の固定タンク

　溶剤に粉体を投入して溶解させる固定タンクは、**図3.5**-(a) に示すように作業者が作業するために架台が設けられている。上述したように、有機溶剤等を扱う施設では、作業者は導電性靴を履いているが、概して床が不導体であることが多い。このような場合、作業者は、不導体の床の上を、導電性靴を履いて歩行して、塗装された架台の階段を上がる。一般には塗装は不導体

接地の手順

①移動タンク、ドラム缶等を溶剤小分け又は充填場所へ移動する。
↓
②移動タンク、ドラム缶等に接地プラグを装着する。
　＊溶剤充填用チューブも事前に接地が必要。
↓
③移動タンク、ドラム缶等の蓋を開ける。
↓
④溶剤の小分け又は充填を行う。
↓
⑤移動タンク、ドラム缶等の蓋を閉める。
↓
⑥移動タンク、ドラム缶等から接地プラグを外す。
↓
⑦移動タンク、ドラム缶等を移動する。

図3.4　接地の手順の一例

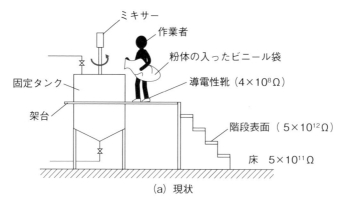

(a)　現状

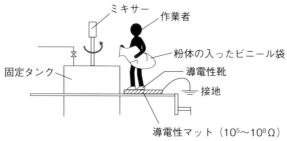

(b)　対策例（対策部分のみ図示）

図3.5　溶解槽等の固定タンクにおける対策例

であることが多い。作業者はその際高帯電する。その状態で、固定タンクの蓋や縁に触ると、作業者から固定タンクの蓋や縁に向かって放電する。可燃性のガス・蒸気が漏洩している場合は、着火・爆発の危険がある。対策としては、図3.5-(b) に示すように、固定タンクの前に導電性マットを敷いて接地をとる。こうすることで、帯電した作業者が固定タンクの前に立つと同時に接地される。

　また、粉体を固定タンクに投入する際は、一気に投入しないで、少しずつ分割して投入する。一般に袋はビニール等の樹脂製で、一気に投入すると内面が高帯電し、袋から固定タンクの縁に向かって放電する。その際浮遊している粉体に着火する危険がある。特に、袋の内面に付着している粉体を、袋を叩いて払い落とす行為は、袋が著しく帯電するので、大変危険である（コラム4）。

　さらに、固定タンクがテフロン内装タンクの場合は、**図3.6**-(a) に示すように、溶剤と接して内面のテフロンが帯電して、外側の金属部が誘導帯電する。この時固定タンクの外側を作業者が触れれば放電し、溶剤のガス・蒸気が漏れている場合は着火・爆発の危険がある。これを防止する方法は、図3.6-(b) に示すように、固定タンクの外側の金属部を直接または配管経由で接地することである。

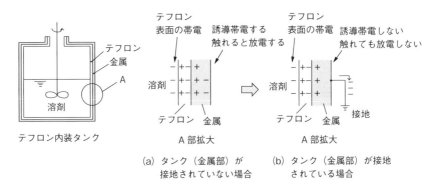

図3.6　テフロン内装タンクの接地の効果

```
┌─ コラム4 ──────────────────────────────
│
│ **粉体投入時の注意事項**：①粉体を固定タンクに投入する際は、一気に投
│ 入しないで、少しずつ分割して投入する。それは、一気に投入すると樹
│ 脂袋内面と粉体との摩擦帯電により、樹脂袋が高帯電するからである。
│ 高帯電した樹脂袋から固定タンクの縁に向かって放電し、浮遊している
│ 粉体に着火する危険がある。②樹脂袋の内面に付着している粉体を、樹
│ 脂袋を叩いて払い落とす行為は、樹脂袋が著しく帯電するので、大変危
│ 険である。それは、下式に示すように、樹脂袋を叩くことにより発生し
│ た静電荷量Qを一定とすると粉体を投入し終わった樹脂袋の静電容量C
│ は著しく小さいため、それに反比例して樹脂袋の帯電電位Vが著しく大
│ きくなるからである。
│
│                    Q＝CV
│
└────────────────────────────────────
```

(3) 溶剤洗浄槽、溶剤バット

　図3.7-(a) に示すアセトン等の溶剤を槽に貯めて、金属柄杓で取り扱う洗浄槽では、対策前は、作業者は耐久性や耐薬品性のため不導体のゴム手袋を使用していた。作業者は、導電性靴を履いて、接地された導電性マットの上で作業をしていたので問題はなかったが、不導体の手袋を使用しているため、溶剤との接触で金属柄杓に発生した静電気は、大地へ漏洩できず、金属柄杓は高帯電し、洗浄槽の一部に触れた際に放電する危険があった。その際、溶剤のガス・蒸気に着火する危険があった。対策としては、図3.7-(a)に示すように $10^8\Omega$ 程度の手袋に変えることで、人体を経由して大地に静電気を逃がすことができる。しかし、導電性の手袋に変更できない場合は、図3.7-(b) に示すように、$10^8\Omega$ 程度の抵抗を挿入した接地線で金属柄杓を直接接地する。この抵抗なしで接地した場合は、金属柄杓上の静電気が一気に流れるため、単位時間当たりの放電エネルギーが大きな放電が生じる。この抵抗を挿入することで、静電気をゆっくり逃がすことができ、単位時間当たり

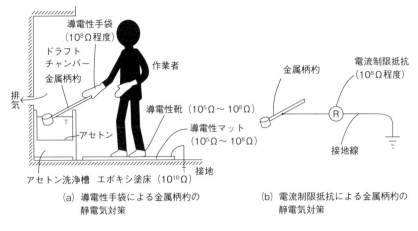

(a) 導電性手袋による金属柄杓の
　　静電気対策

(b) 電流制限抵抗による金属柄杓の
　　静電気対策

図3.7　アセトン洗浄槽における対策例

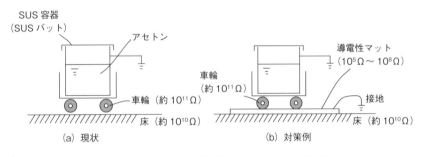

(a) 現状

(b) 対策例

図3.8　溶剤バットの導電性マットによる対策例

の放電エネルギーを小さく抑えることができる。そのため、この抵抗は電流制限抵抗と呼ばれている。先に述べた導電性手袋を用いる場合（図3.7-(a)）は、導電性手袋、導電性靴、導電性マットの抵抗がこの電流制限抵抗の役割を果たしている。

　図3.8-(a) に示す接地されたSUS容器（SUS：ステンレス）に溶剤を貯めて、その中に樹脂部品を漬す溶剤バットが台車の上に置かれていた。導電性靴を履いているが床が不導体であるために帯電した作業者が、その溶剤バットに触れると、作業者から溶剤バットに向かって放電する危険があった。溶剤のガス・蒸気が漏洩している場合は、着火する危険があった。対策

としては、図3.8-(b) に示すように接地された導電性マットの上に溶剤バットを乗せた台車を乗せる。不導体の床の上を歩行して帯電した作業者は、溶剤バットの下に敷かれた導電性マットに乗ると同時に除電され、溶剤バットに触れても放電しない。

テフロン等の樹脂部品をポリ袋から取り出す際、樹脂部品は10～20kV程度に容易に高帯電する。その樹脂部品をそのまま溶剤バットや洗浄槽の溶剤に漬すと、樹脂部品から溶剤の液面に向かって放電し、溶剤の蒸気・ガスに着火する危険がある。対策としては、ポリ袋から取り出した樹脂部品を一旦接地された金網などの上に静置して、静電気を漏洩させて電位を下げてから溶剤に漬ける。または防爆型イオナイザーで除電してから溶剤に漬ける必要がある。

(4) 溶剤の移し替え、充填、小分け

図3.9に示すような溶剤をドラム缶や移動タンクへ充填する工程、図3.10に示すようなドラム缶や移動タンクから小分け、移し替えする工程では、溶剤の充填や小分け作業に入る前に、上述した接地の手順に従い、まず接地プラグを装着してから、ドラム缶や移動タンクの蓋を開けて作業をし、作業後蓋をしてから接地プラグを外す。ただし、図3.9の場合は、ドラム缶の底が接地可能であるので必ずしも別途接地をとる必要はない。

また、充填や小分け作業には、しばしばSUSフレキ（SUS網付きテフロンパイプ）が使用される。SUSフレキは、テフロンパイプを保護するためSUS網で包まれている。そのため、溶剤でテフロンパイプが帯電するとSUS網が誘導帯電し、それに触れると放電する（**図3.11**-(a)）。ガス・蒸気が漏れている場合は、着火の危険がある。これを防止するには、テフロン内装タンクのように外側のSUS網を接地する（図3.11-(b)）。テフロンパイプの帯電は防止できないが、SUS網に触れた際の放電を防止できる。すなわち、帯電したテフロンパイプの周囲への影響を封じ込めることができ、静電遮蔽と呼ばれている。

さらに、ドラム缶や移動タンクは接地された導電性マットの上に設置する

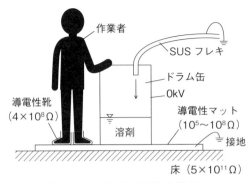

（ドラム缶の底が接地可能な場合）

図3.9　溶剤のドラム缶への充填（対策例）

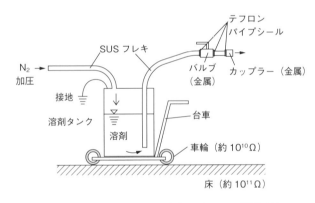

図3.10　溶剤タンクから溶剤の小分け（対策前）

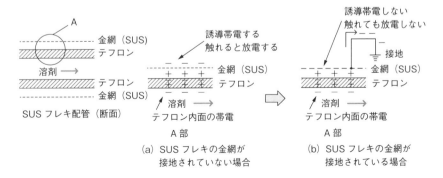

図3.11　SUSフレキ配管の接地の効果

（図3.9）。このようにすることで、不導体の床の上を歩行して帯電した他の作業者が、不用意にドラム缶や移動タンクに触れても、導電性靴を履いている作業者は、この導電性マットの上に乗ったと同時に除電されるため、作業者からドラム缶や移動タンクに向かう放電を防止できる。

　図3.9は、ドラム缶の底が接地可能な場合の対策例を示している。しかし、ドラム缶の塗装は、一般に電気絶縁性が高く、接地が困難で、塗装がされていない部分から接地をとることが重要である（コラム5）。また、図3.10は、対策が取られる前の状態を示している。SUSフレキの接地が取られておらず、導電性マットも敷かれていない。バルブとカップラーは金属製で、テフロンパイプシールを使ったねじ込み施工でSUSフレキに接続されている。バルブとカップラーがSUSフレキの接地された金網と導通が取れていない場合は、バルブとカップラーは帯電した溶剤により誘導帯電する危険がある。その場合、帯電防止のためバルブとカップラーはそれぞれ接地をとる必要がある。

コラム5

　ドラム缶接地の注意事項：ドラム缶の塗装は、一般に電気抵抗が高く、接地が困難である。ドラム缶の通気口のように塗装がされていない部分から接地をとることが必要である。塗装されていない部分がない場合は、歯の付いたクリップで、塗装下の金属に達するくらいまで強力なスプリングで噛ませる。クリップの歯が、塗装下の金属に達しているかどうかは、テスターでドラム缶（塗装のないところ）とクリップとの間の導通を確認することで判断できる。

(5) 粉体の小分け

　図3.12-(a) に示す可燃性の粉体を金属スコップで計量小分けする工程では、対策前は作業者は耐久性や耐薬品性のため不導体のゴム手袋を使用して

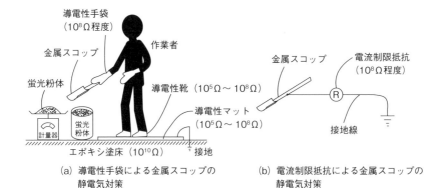

図3.12　粉体小分けにおける対策例

いた。作業者は、導電性靴を履いて、接地された導電性マットの上で作業を
しているので問題はなかったが、不導体の手袋を使用しているため、粉体と
の接触で金属スコップに発生した静電気は、大地へ漏洩できないため、金属
スコップは高帯電し、何かに触れた際に放電する危険があった。放電した場
合は、浮遊している粉体や溶剤のガス・蒸気に着火する危険があった。対策
としては、溶剤洗浄槽での金属柄杓と同様に、$10^8\Omega$程度の導電性手袋に変え
ることで、人体を経由して大地に静電気を逃がすことができる（図3.12-
(a)）。しかし、導電性の手袋に変更できない場合は、図3.12-(b) に示すよう
に、$10^8\Omega$程度の電流制限抵抗を挿入した接地線で金属スコップを直接接地す
る。この抵抗なしで接地した場合は、金属スコップ上の静電気が一気に流れ
るため、単位時間当たりの放電エネルギーが大きな放電が生じる。この抵抗
を挿入することで、静電気をゆっくり逃がすことができ、放電エネルギーを
小さく抑えることができる。先に述べた導電性手袋を用いる場合は、導電性
手袋、導電性靴、導電性マットの抵抗が電流制限抵抗の役割を果たしている。

(6) ポリタンク、ポリロート等の不導体

　ポリタンク、ポリロート等の不導体は、上述した「静電気安全指針」で
は、着火爆発の危険のある場所に持ち込まないことが原則であるが、実際

は、そのような危険場所で使用されている。ポリタンクをポリ袋から取り出す時、ポリロートに溶剤を注ぐ時、ポリタンクやポリロートは、10kV位に高帯電する。不導体は、10kV程度以上になると金属等に向かって放電することがあるので、ポリ袋からポリタンクを取り出したり、ポリロートに溶剤を注ぐ時は、ゆっくり行うように注意する必要がある。

　不導体は、**図3.13**に示すように、導体と異なり、帯びている電荷をすべて一度に放電することがないので帯電電位のわりに放電エネルギーは小さい特徴がある。

　また、不導体からの放電を防止する方法は、**図3.14**に示すように、不導体を金網で覆い接地することである。この方法は、静電遮蔽と呼ばれ、不導体自体の帯電を防止することはできないが、金網で覆い接地することで、帯電した不導体の電界の影響を封じ込めることができる。ただし、接地しない場合は、逆に金網が誘導帯電し、金網に触れるとその電荷を一度に放電するので大変危険である。

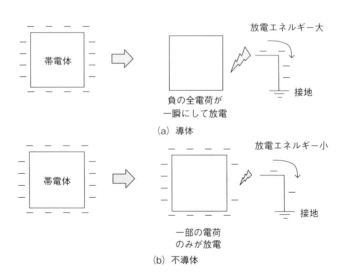

図3.13　帯電体からの放電の導体と不導体との違い

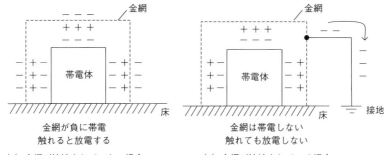

図3.14　静電遮蔽による不導体の対策例

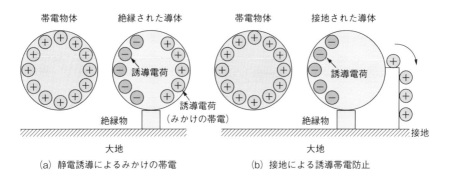

図3.15　絶縁された導体の誘導帯電防止の原理

(7)　絶縁された導体

　テフロン内装タンク、SUSフレキ（外部をSUS網で保護されたテフロンパイプ）では、外側の金属タンク、SUS網がそれぞれ電気的に絶縁されている場合、テフロン内面が帯電すると、テフロンが分極帯電し、それにより外側の金属タンク、SUS網が誘導帯電する。触れると放電し、可燃性のガス・蒸気がある雰囲気では、着火爆発の危険がある。

　このように、絶縁された導体は、帯電体に接触しなくても近くに帯電体があると誘導帯電する（**図3.15**-(a)）。触れると帯電導体と同様に放電する。対策としては、図3.15-(b) のように、接地するだけで、容易に誘導帯電を防止することができる。

3.2 | イオナイザーからの空気イオンにより静電荷を中和する方法

3.2.1 | イオナイザーの除電原理

　コロナ放電などを用いたイオナイザー（除電装置）による除電では、イオナイザーにより生成された正負イオンの内、帯電物体上の静電荷と逆極性のイオンが、帯電物体とイオナイザーの間に形成された電気力線に沿って帯電物体へ移動し、物体表面の静電荷を中和する[3]（**図3.16**）。これが、イオナイザーによる除電の原理である。

3.2.2 | イオナイザーの種類と特徴

　イオナイザーは、イオンを生成する方法により、**表3.8**[3,4] のように分類される。空気を電離してイオンを生成する方法には、表3.8のように、①コロナ放電（電圧印加式、自己放電式）、②放射線（放射性同位元素）、③軟X線

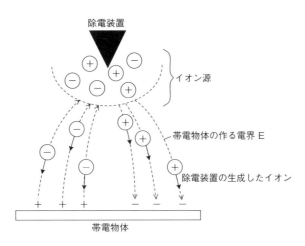

図3.16　イオナイザー（除電装置）の除電原理[3]

表3.8　イオナイザー（除電装置）のイオン生成方法による分類[3]

除電装置		イオンの生成方法	特　　徴
コロナ放電式	電圧印加式	針状、細線状電極に高電圧を印加し、コロナ放電を起こしてイオンを生成	・機種が豊富 ・安価 ・電極から発塵やオゾン発生がある
	自己放電式	帯電物体の電界を電極に集めて高電界をつくり、コロナ放電を起こしてイオンを生成	・イオン生成に電源が不要 ・取扱いが簡便 ・安価 ・低電位の帯電物体の除電は不可
放射線式		放射性同位元素の電離作用によってイオンを生成	・着火源になる可能性が小さい ・除電能力が低いものが多い
軟X線照射式		3〜9.5keVの低エネルギーX線の電離作用によってイオンを生成	・無発塵で、オゾン発生が無い ・無風状態で除電が可能 ・防護設備が必要
紫外線照射式		真空紫外線による光電子放出作用および電離作用によってイオンを生成	・減圧下、不活性ガス中での除電が可能 ・無発塵 ・空気中では、オゾン発生を伴う

照射、④紫外線照射がある。コロナ放電を用いる方法は、②、③、④に比べ安全で安価であり、一般に広く利用されている。しかし、電圧印加式においては、コロナ放電電極から発塵やオゾン発生がある。

　また、放射線（放射性同位元素）を用いる方法は、安全上の制約からイオン源としてあまり大きな線源を使用できず、他の方法に比べ除電性能が低いものが多い。そのため、近年ではあまり使用されていない。

　さらに、軟X線照射、紫外線照射を用いる方法は、イオナイザーのイオン源として近年使用されるようになった方法である。軟X線照射を用いる方法は、軟X線（3〜9.5keVの低エネルギーを持つX線）の電離作用を用いる方法で、無発塵でオゾン発生が無く除電性能に優れているが、安全のために防護設備を必要とする短所もある。

　紫外線照射を用いる方法は、真空紫外線の光電子放出作用と電離作用を用いる方法で、無発塵で、減圧下や不活性ガス中でイオン発生が可能であるが、大気中では多量のオゾンが発生する短所もある。

　コロナ放電を用いたイオナイザーは、コロナ放電を起こさせるための、高

表3.9　コロナ放電式イオナイザーのイオン発生方式による分類[4]

イオン発生方式		概要及び特徴
電圧印加式	パルス直流 Pulsed-DC	・正極と負極の独立した放電針を装備し、それぞれの放電針に正と負のパルス状の高電圧を交互に印加し、正と負のイオンを間欠的に発生させる。 ・印加電圧および印加時間は可変。
	直流DC	・正極と負極の独立した放電針を装備し、それぞれの放電針に正と負の直流高電圧を定常的に印加して、つねに正もしくは負のイオンを発生させる。 ・印加電圧は一定または可変。
	交流AC	・正・負共通の放電針と接地極を装備し、この放電針に商用周波数や高周波数の高電圧を印加して、交流電界の切換えにより、正／負のイオンを交互に発生させる。 ・印加電圧は一定または可変。
自己放電式	（直流）	・放電電極を導電性繊維束で構成。導電性繊維束は接地状態であり、電源を使用せず、コロナ放電は帯電物体の電圧を利用するので、外的な制御の余地はない。

電圧の印加方法（イオン発生方式）によって、**表3.9**[4] のように分類される。電圧印加式は、さらにパルス直流、直流、交流に分類される。それぞれの概要を表3.9及び**図3.17**に示す。交流型の一つとして近年60kHz程度の高周波コロナが利用されるようになってきた[5]。商用周波数（50/60Hz）のような低周波の場合に比べコロナ発生電位を低くでき、また発生した正と負のイオンが均一に分布するため空間電界が小さく、そのイオン化された空気を細いチューブで搬送しても静電拡散による正負イオンの減少が少ない等の特徴を有している。

　自己放電式（表3.8、3.9）は、高圧電源を使用せず安価であるが、除電性能は帯電体の電位に依存し、低電位（およそ3kV以下）の物体の除電は困難である。

　また、電圧印加式イオナイザーは、その形態により**表3.10**[4] に示すように分類される。標準型は、発生したイオンが帯電体の形成する電界によって搬送されるタイプのイオナイザーで、送風型は発生したイオンをファンの送風や圧縮エアにより帯電体に吹付けるタイプのイオナイザーである。防爆型は、爆発危険場所で使用するための防爆構造を持つイオナイザーである。

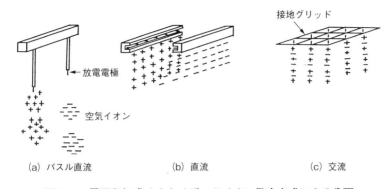

図3.17　電圧印加式イオナイザーのイオン発生方式による分類

表3.10　電圧印加式イオナイザーの形態別の分類[4]

型　　式		用　　途
標準型	バー型	繊維、紙、フィルムなどの一般的な帯電物体の除電
	ポイント型	局所部分の帯電体の除電
送風型	バー型	離れた位置にある一般的な帯電物体の除電
	ノズル型	複雑な形状の帯電物体の除電
	フランジ型	パイプラインに設置し、粉体などの除電
	ガン型	塗装前などの塵埃の除去が必要な場合の除電
	ブロワ型	卓上型、オーバーヘッド型、層流フード型など
防爆型	内圧防爆型	爆発危険場所での除電
	特殊防爆型	

3.2.3 イオナイザーの選定方法及び使用上の注意点

（1）イオナイザーの選定方法

　イオナイザーは、表3.8、3.9、3.10に示されているように、それぞれ特徴を持っている。従って、イオナイザーの特徴、除電する対象の特性及びその周囲環境を考慮して、適切なイオナイザーを選定する。イオナイザーの選定にあたっては、①帯電物体の形状、物性、帯電状態、②イオナイザーを使用する環境、③帯電物体の着火危険性などについて充分検討する。例えば、幅

表3.11　イオナイザー選定の一例[3]

帯電物体又は設置場所	帯電物体の例	選定されたイオナイザー
表面帯電物体	フィルム、紙、布	電圧印加式（標準型）、自己放電式、軟X線照射式
体積帯電物体	粉、液体、樹脂	電圧印加式（標準型、ブロワ型、ノズル型、ガン型）、軟X線照射式
移動帯電物体	人体、部品	電圧印加式（ブロワ型、ガン型）、軟X線照射式（人体は除く）
高速移動帯電物体	印刷フィルム、流動粉体	電圧印加式（標準型、フランジ型）、自己放電式、軟X線照射式
可燃性物質、爆発危険場所	可燃性液体、可燃性粉体	電圧印加式（防爆型）、自己放電式、放射線式
減圧容器内の帯電物体	半導体ウェハ	紫外線照射式

広のフィルムの除電であれば、まずバー型のコロナ放電式イオナイザーが考えられる。低電位まで除電するのであれば、自己放電式でなく標準型の電圧印加式イオナイザーが適当な機種となる。また、フィルムに近づけて設置できない場合は、送風型でバー型の電圧印加式イオナイザーが選定される。さらに、可燃性ガス及び蒸気を使用する環境では、防爆型の電圧印加式イオナイザーが選定される。参考として具体的な選定の一例を**表3.11**[3]に示す。

　また、電圧印加式イオナイザーにおいては、帯電体に接近して使用する場合は、帯電体の逆帯電を防止するため交流型または直流型を使用し、帯電体から離して使用する場合は正負イオンの再結合によるイオン濃度の減少の少ないパルス直流型を用いることが適切である（表3.9、図3.17）。

(2) イオナイザーの使用上の注意点

　イオナイザーは下記のような短所も有しているため、使用の際は注意が必要である。

①コロナ放電式、特に電圧印加式イオナイザーは、その放電電極から微細な粒子の飛散やオゾン発生がある。そのため清浄環境下（クリーンルーム）で使用する際は、注意が必要である。電極からの微粒子発生とクリーン

ルーム用イオナイザーについては、別途後述する。

②放射線式（放射性同位元素）は安全のため取り扱い方法が法律により規制されているので、取り扱いに注意が必要である。

③軟X線照射式は、安全上軟X線の防護設備が必要で、所轄の労働基準監督署長に設置の30日前までに届出が必要である。

④紫外線照射式は、元々減圧下や不活性ガス中で使用するもので、大気中では多量のオゾンが発生するため、使用環境に注意が必要である。また、のぞき窓から外部に紫外線が漏れた場合、目に障害を与えるので注意が必要である。

　また、イオナイザーを効果的に使用するためには、適切な設置場所を選定することも大変重要である。**図3.18**[6] にイオナイザー設置位置の適否の例を示す。「3.2.1　イオナイザーの除電原理」で述べたように、イオナイザーから発生したイオンはイオナイザー電極と帯電体が形成する電界に沿って移動し、帯電体上の静電荷を中和する。従って、帯電体が形成する電界（帯電電位）が大きな位置に設置することが望ましい。図3.18中のA点：静電気発生源で、フィルムがローラに密着する場所、B点：背面接地体がある場所、C点：近接接地体がある場所は、帯電体の静電容量Cが大きく電位が低い場所（$Q = CV$、Q：電荷量、V：帯電電位）であるので、イオナイザーの設置位置としては適切でない。また、この他、高温多湿の環境やイオナイザーが

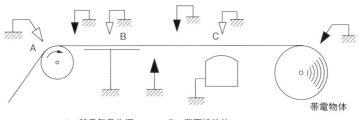

A：静電気発生源　　　　B：背面接地体
C：近接接地体
▽：位置が好ましくない例　　▼：位置が好ましい例

図3.18　イオナイザー設置位置の適否の例[6]

油等により汚れ易い場所も適切でない。

　さらに、イオナイザーの保守管理もイオナイザーを適切に使用する上で重要である。電圧印加式イオナイザーでは、保守管理を怠ると電極の磨耗や電極上への異物の析出により、イオン発生量の減少や正負イオンのアンバランスが生じる。定期的な電極のクリーニングや交換、定期的な除電性能の評価が必要である。自己放電式イオナイザーでは、導電性繊維の汚れや破断による接地抵抗の増加により除電性能が低下する。外観点検の他、定期的な接地抵抗の測定や除電性能の評価が必要である。

3.2.4 | イオナイザーの除電性能の評価方法

　イオナイザーの除電性能を評価する方法[4)]は、大別して、①有効除電電流測定装置、②帯電プレートモニタによる方法がある。以下に、その概要について述べる。

(1) 有効除電電流による性能評価

　この除電性能の評価方法は、主に交流型電圧印加式及び自己放電式イオナイザーに適用される。ただし、これらのイオナイザーの種類によって有効除電電流測定装置の構成は異なる。一例としてバー型・交流型電圧印加式イオナイザーの有効除電電流測定装置の構成を図3.19[4,7)]に示す。直流高圧電源により、+5kVまたは−5kVを印加した模擬帯電物体（金属板55×20cm）に、距離5cmを隔てて除電電極を配置して作動させたときの電流計の値が有効除電電流で、この値が大きい程イオン対生成能力が優れていることを表している。

(2) 帯電プレートモニタによる性能評価

　帯電プレートモニタは、米国のANSI、ESD協会のEOS/ESD Std 3.1、IEC 61340 5-1等で、規格化されている。

　帯電プレートモニタは、図3.20[4,8)]に示すように、金属プレート（大き

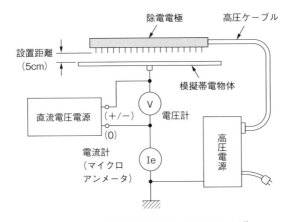

図3.19　有効除電電流測定装置の構成 [4,7]

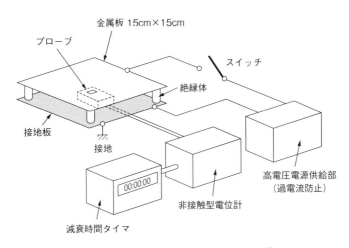

図3.20　帯電プレートモニタの構成 [4,8]

さ：約15×15cm、静電容量：20pF ± 2pF）、非接触型電位計、高圧電源および減衰時間タイマから構成されている。

　この帯電プレートモニタは、有効除電電流による評価方法と異なり、実際のユースポイントにおいて、イオナイザーの除電性能を評価するために使用される。

　除電性能は、帯電プレートモニタの金属プレートを1kV（または-1kV）

に帯電させ、その初期電位がイオナイザーからのイオンにより十分の一の0.1kV（または-0.1kV）まで減衰する時間（電位減衰時間、すなわち除電時間）により評価する。除電時間は短いほど、除電性能が優れていることを示す。金属プレートを正極性に帯電させた場合は、負イオンによる除電性能を、負極性の場合は、正イオンによる除電性能を評価したことを示す。

　また、金属プレートを一旦接地して、電気的に中性にし、イオナイザーからの正負イオンに暴露する。正と負のイオンの過不足によりその金属プレートは帯電し、その電位より、除電雰囲気の空間電位、つまり正と負のイオンバランスを評価する。

　この第3章では、静電気対策の方法として、①接地により静電荷を散逸させる方法と、②空気イオンにより静電荷を中和する方法（イオナイザーによる方法）について述べた。特に、接地により静電荷を散逸させる方法では、読者が静電気対策を実施できるように、防爆施設における静電気対策について詳細に具体的に説明した。

　また、第3章では、一般環境で使用されるイオナイザーについて説明した。清浄環境（クリーンルーム）向けのイオナイザーについては、第6章で、詳細に説明する。

【第3章　参考及び引用文献】

1)　（独）労働安全衛生総合研究所：労働安全衛生総合研究所技術指針 静電気安全指針 2007，産業安全技術協会（2007）pp.2-27, 32-44, 86-89
2)　（独）産業安全研究所：静電気安全指針RIIS-TR-87-1，産業安全技術協会（1988）
3)　静電気学会編：静電気ハンドブック，オーム社，pp.819-827（1981）
4)　静電気学会編：新版 静電気ハンドブック，オーム社，pp.383-394（1998）
5)　村田雄司：除電装置と除電技術，シーエムシー出版，pp.25-39（2004）
6)　産業安全研究所：産業安全研究所技術指針-静電気安全指針-，RIIS-TR-78-1, p.104（1978）
7)　産業安全研究所：産業安全研究所技術指針-静電気安全指針-，RIIS-TR-78-1, p.167（1978）
8)　村田雄司：除電装置と除電技術，シーエムシー出版，pp.101-114（2004）

クリーンルームにおける
イオナイザーによる
静電気対策の問題点

この章では、各種のクリーンルームで、イオナイザーにより
静電気対策を行う際の問題点について述べる。

4.1 コロナ放電式イオナイザーの問題点

静電気対策の方法は、前述したように、大別して、除電対象物を導電化し接地により静電荷を散逸させる方法と、帯電体上の静電荷をそれと逆極性の空気イオンにより中和する方法、とがある。ウェハを接地可能な金属でハンドリングすることは、金属汚染を引き起こす危険があるため、空気イオンにより非接触で除電する方法は大変有効と思われる。

空気を電離しイオンを生成する方法は、①コロナ放電、②放射線照射、③紫外線照射等が知られている。コロナ放電を用いる方法は、②、③に比べ安全で安価であり、一般に広く利用されている。

クリーンルームでよく使用されているコロナ放電を用いたイオナイザーは、コロナ放電を起こさせるための高電圧の印加方法によって、表3.9に示すようにPulsed-DC、DC、ACタイプに大別される。図3.17は、それぞれの典型的な各タイプのイオナイザーの概要を示している。Pulsed-DCタイプは、正と負の一対の電極に、正と負の直流電圧を一定時間間隔で、交互に、別々に印加する方式である。この方式は、正と負の空気イオン自体が形成する空間電界により、イオンが広く拡散する。DCタイプは、正と負の電極に、正と負の直流電圧を、常時、別々に印加する方式である。ACタイプは、1本の電極に交流高電圧を印加して、1本の電極から正と負のイオンを50/60Hzで発生させる方式である。この方式は，図3.17にあるように、みかけ上空間電界がないため、イオン自体による拡散力は期待できない。

しかし、半導体・液晶製造等のクリーンルームで使用する場合、コロナ放電式イオナイザーは、従来、放電電極から塵埃が発生することが重大な問題であった[1]。

4.2 | 軟X線イオナイザーの問題点

　放射線を用いる方法として、**図4.1**に示すように厚さ2mmの塩ビ板で容易に遮蔽できる、3〜9.5keVの低エネルギーX線を照射して、空気を電離する方式も近年利用されるようになった[2-5]。このX線は、軟X線または微弱X線と呼ばれ、**図4.2**に示すようにX線の波長領域の内、真空紫外線に近い波長領域のX線で、長波長の微弱なX線である（コラム6）。このX線を用いた軟X線イオナイザーの一例を**図4.3**に、その仕様を**表4.1**に示す。この

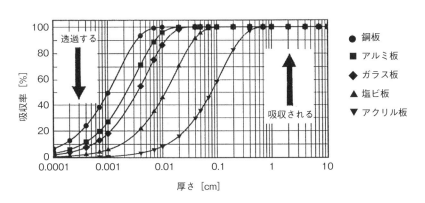

図4.1　各種材料による軟X線の吸収率[5]

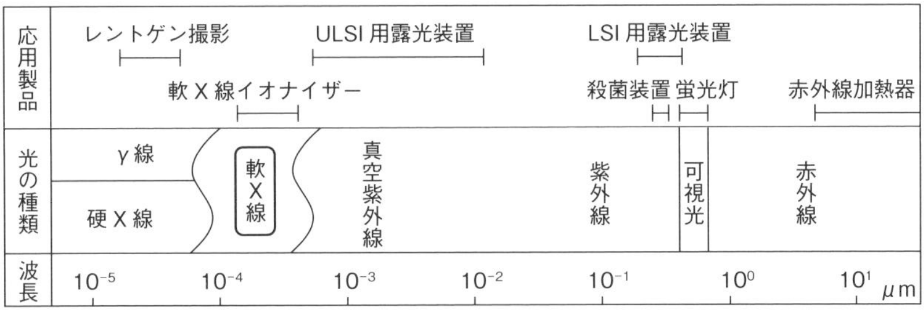

図4.2　光の波長による分類[5]

図4.3　軟X線イオナイザー（浜松ホトニクス製 L6941）の外観

表4.1　軟X線イオナイザーL6941の仕様[5]

項目	仕様
管電圧	DC 9.5kV
管電流	150μA
窓材	ベリリウム0.3mm厚
照射角	約120°
X線波長	1.3～4.1Å、ピーク 2Å
X線エネルギー	3～9.5keV、ピーク6keV

方式はコロナ放電式と異なり、放電電極を使用していないため本質的に発塵がない。しかし、半導体・液晶製造等の生産装置に設置した場合、軟X線を遮蔽するため、生産装置を塩ビ板等で囲み、万一作業者が囲み内に入った場合でも、軟X線照射が自動停止する対策が必要で、取り扱いが比較的不便であった[4]。軟X線イオナイザーの日本における法規制をコラム7に示す。

　なお、図4.1と表4.1は、初期の軟X線イオナイザーL6941のデータであるが、最新機種L12645とほぼ同じである。また、ここでは、一例として、最初に販売された浜松ホトニクス製L6941を引用したが、現在では、複数の会社から販売されている。

コラム6

硬X線と軟X線：硬X線は、医療用レントゲン撮影や工業用非破壊検査等に利用される波長が短く、エネルギーの高いX線（およそ60～80keV）で、物質を透過する能力が高い[5]。これに対し、軟X線は、波長が長く、エネルギーの低いX線（およそ20keV以下）で物質を透過する能力が極めて低く、その多くが空気や水で吸収される[5]。軟X線イオナイザーは、この軟X線の電離作用を利用したもので、遮蔽が容易であることが特長である。

コラム7

軟X線イオナイザーの法規制について：軟X線イオナイザーは、電離放射線障害防止規則に基づき、放射線装置の設置に関する届け出を所轄の労働基準監督署長に設置する30日前までに提出することが義務づけられている。

　また、軟X線イオナイザーの防護設備の外側における、外部放射線による実効線量（1cm線量当量：放射線が人体に及ぼす影響を評価するための指標で、身体の表面から深さ1cmの箇所における被曝量）と空気中の放射線物質による実効線量との合計が、3月間につき1.3mSvを超えないものであり、かつ、X線照射中作業者の全部又は一部が防護設備の内部に立ち入ることができないように、インターロック等の安全装置が具備されている場合は、エックス線作業主任者の選任を必要としない。ただし、防護設備内部は管理区域になるので、標識による管理区域の明示が必要である。

4.3 医薬品製造のクリーンルームでの問題点

　さらに、医薬品製造のクリーンルームでは、バリデーション（製造工程の科学的な管理）上、イオナイザーは半導体・液晶製造のクリーンルームと同様に、低発塵または無発塵であることが必要で、それに加えて、高温水蒸気やホルムアルデヒド等による定期的な滅菌や純水による洗浄が行われるため、防水及び耐食性が必要であった。

　この章では、コロナ放電式イオナイザー、軟X線イオナイザーのクリーンルームにおける問題点について概略を述べ、また、医薬品製造のクリーンルームでの問題点についても述べた。
　特に、コロナ放電式イオナイザーの放電極からの発塵の問題については、第5章で詳細に述べる。

【第4章　参考及び引用文献】
1）鈴木政典，山路幸郎：空気清浄，**26**（1989.5）48
2）笠間泰彦，仲野　陽，三森健一：ウルトラクリーンテクノロジー，**6**（1994.1）1
3）山本稔：クリーンテクノロジー，**12**（2002.3）1
4）鈴木政典，和泉貴晴，鋒治幸，石川昌義：クリーンテクノロジー，**10**（1992.6）18
5）浜松ホトニクス：フォトイオナイザL6941 取扱説明書

第 **5** 章

コロナ放電式イオナイザーの電極からの発塵の問題

この章では、コロナ放電式イオナイザーの電極からの発塵の問題について明らかにし、クリーンルームでも使用できるイオナイザーを開発することを目的にして、まず、①電極からの発塵濃度の測定とその経時変化について調査した。次に、②コロナ放電電極からの発塵のメカニズムについて検討した。以下に、その結果について述べる。

5.1 | 電極からの発塵濃度の測定

　一方向流型クリーンルーム（0.1μm class10）内で、各タイプのイオナイザーからの、定常状態での発塵濃度の測定を行った結果の一例を、**表5.1**[1]に示す。どのイオナイザーでも、0.1μm以下の粒子（他の例では、0.1μm以上の粒子の発生も確認されている）が、相当数発生することがわかる。従来のイオナイザーは、クリーンルーム等の清浄空間においては、逆に、微粒子汚染を引き起こす危険がある。

表5.1　各種イオナイザーからの発塵濃度（一例）

パーティクルカウンター	微粒子径範囲 [μm]	微粒子濃度 [p/cft]		
		Pulsed-DC	AC	DC
CNC (TSI 3020)	0.03<	1.2×10^3	1.9×10^3	1.3×10^5
LPC (PMS 101)	0.1～0.3 0.3～0.5 0.5～1.0	0.3 ± 0.5 0.2 ± 0.1 0	0.3 ± 0.2 0 0	0.4 ± 0.2 0.1 ± 0.1 0.1 ± 0.1

1）イオナイザー直下1.25m
2）一方向流：0.31m/s
3）クリーンルームの清浄度：0.1μm class 10（0.4±0.2p/cft）

5.2 | 電極からの発塵濃度の経時変化

　Pulsed-DCタイプのイオナイザーの放電電極からの発塵特性を観察するために、正電極からの発塵濃度の経時変化を測定した。0.1μm class10の一方向流型クリーンルーム（温度：23℃、一方向流：0.31m/s）内にPulsed-DCタイプのイオナイザーを設置し、その正電極の真下5cmの位置で、パーティクルカウンター TSI CNC 3020を用いて、発塵濃度の測定を行った。なお、電極は、純水で超音波洗浄して使用した。

　図5.1[1] は、経時変化測定の一例である。スタートから70時間は正電極の真下5cmでの発塵濃度は50p/cft（>0.03μm、p：微粒子個数）以下である。一度、塵埃の突発的な再飛散（バースト）が起きると収まるまでに12時間程度要している。他のタイプのイオナイザーの測定においても、定性的に同様の傾向を示した。また、負極においても同様である。

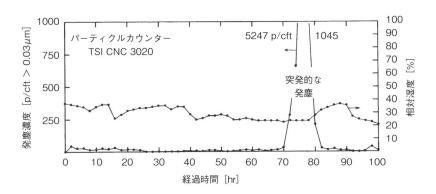

図5.1　電極からの発塵濃度の経時変化（一例）

5.3 コロナ放電電極からの発塵メカニズムの検討

電極からの塵埃発生機構ついては、現在までのところ、充分明かになっていない。しかし、多くの研究者ら[2-4]と筆者ら[5,6]が行った、走査電子顕微鏡による観察と各種微量分析の結果より、①電極自体の飛散と、②クリーンエア中の微量不純物の電極上への析出・堆積と再飛散の、2つの異なる機構により発生しているものと思われる。

5.3.1 電極の磨耗

図5.2[1]は、未使用電極と、約100時間使用した後の、正と負の電極の磨耗状態を示している。負電極には、未使用電極と同様に電極を削り出したときのキズが残っていて、ほとんど磨耗していないが、正電極のみ著しく磨耗している（図5.2-(b)）。これは、放電場で、加速された酸素由来の負イオンの衝突による、腐食反応を伴う化学スパタリング現象と思われる。

5.3.2 電極上への微量不純物の析出・堆積

図5.3-(a)[7]は、105時間使用した後の負電極の状態を、図5.3-(b)[7]は、電極上に析出・堆積した、不純物の状態を示している。析出した不純物は、樹木状をしており、電子線マイクロアナライザー（EPMA）の、波長分散法（WDS）による元素分析の結果、およそ70〜80%がSi-Oからなる物質であること、また光電子分光分析（ESCA）用いることで、その物質がSiO_2であることを確認した。

また、図5.4[7]は、オージェ電子分光分析を用いた、正電極（トリウム・タングステン合金）先端部表層（〜0.35μm）のデプスプロファイルである。図5.4のスパタリング時間は、アルゴンイオン銃で電極表層をスパッタした時間を示している。同じイオン銃で、厚み既知のSiO_2膜を、スパッタした場合のスパタリング速度より、電極表層をスパッタした深さに換算される。

（a）未使用電極

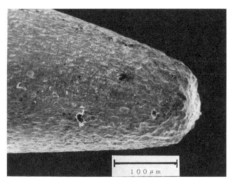

（b）超音波洗浄後の正電極

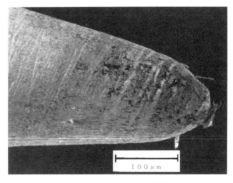

（c）超音波洗浄後の負電極

図5.2　約100時間使用した後の電極（トリウム・タングステン合金）の磨耗状態
（175倍）

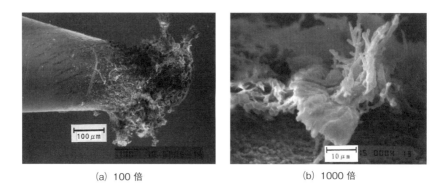

|(a) 100 倍|(b) 1000 倍|

図5.3　105時間経過後の（a）負電極の状態と（b）エア中の不純物の堆積状態

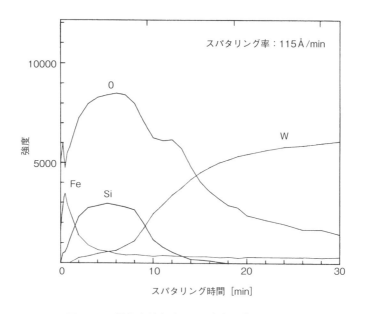

図5.4　正電極先端部表層のデプスプロファイル

　表層にSiO$_2$（Si-O）の層が、その下層に、タングステン酸化物（W-O）の層があり、明らかに、堆積物（SiO$_2$）は電極材の酸化物でないことを示している。電極先端（表層数十Å）のスパッタされている部分のタングステン酸

化物は、ESCA分析の結果より、WO$_2$、WO$_3$であった。なお、最表層部に、鉄の酸化物（Fe-O）が検出されているが、これは電極を脱着するために使用した鉄製の器具による汚染である。

　さらに、分析試料を採取したクリーンルーム（0.1μm class10）内のエアを、超純水中にバブリングすることで、エア中の不純物を捕集し、高周波プラズマ発光分光分析法（ICP-AES）で定量分析し、確かに、Siがクリーンエア中に、8μg/m^{3}程度存在していることを確認した。これは、堆積物（SiO$_2$）がクリーンエア中から析出したことを示している。

　また、析出する物質のソースについては、まだ明らかになっていない。析出した物質のソースが、ガスであるか粒子であるかは不明であるが、Blit-shtenら[4]が報告しているフィルタろ材ではないようである。他の研究者らが、それぞれのクリーンルームで採取した試料を分析した結果では、主に、Liuら[2]はポリスチレンであり、Murrayら[8]はNH$_4$NO$_3$であると報告しているが、これらの物質が、一般大気中に存在していることは考えられない。これは、おそらく生産プロセスから、リークしたガスや有機溶剤が、コロナ放電に伴う化学反応により、粒子化し、析出・堆積したものと思われる。筆者らが使用した、実験用クリーンルームでは、特にガスや有機溶剤は使用していない。Liuらや Murray らの分析でも、小量ではあるが、SiO$_2$が検出されていたのではないかと思われる。最近の研究[9]では、堆積物（SiO$_2$）は、クリーンルーム建設で多用されているシリコンシーラントからの脱ガス物質である低分子シロキサンLMCS（**図5.5**）が、コロナ放電に伴う化学反応に

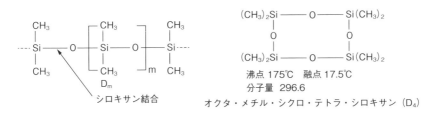

シロキサン結合

(CH$_3$)$_2$Si ─── O ─── Si(CH$_3$)$_2$

沸点 175℃　融点 17.5℃
分子量　296.6

オクタ・メチル・シクロ・テトラ・シロキサン（D$_4$）

図5.5　低分子環状ジメチルポリシロキサン（LMCS）の構造式[9]

よりガス-粒子変換して堆積したものと報告されている。これは、析出物質
のソースの有力な説の一つであると考えられている。

　この章では、電極からの発塵濃度の測定とその経時変化について調査し、
コロナ放電電極からの発塵のメカニズムについて検討した。その結果、次の
ことがほぼ明らかとなった。ただし、電極上への析出物質のソースについて
は、諸説あり、まだあまり明確でない。
　コロナ放電電極からの発塵は、①電極自体の飛散（電極の磨耗）と、②ク
リーンエア中の微量不純物の電極上への析出・堆積と再飛散の、2つの異な
るメカニズムにより発生する。
　電極からの発塵のメカニズムを検討した結果に基づいて開発されたクリー
ンルーム用イオナイザーについては、第6章で詳細に述べる。

【第5章　参考及び引用文献】

1）鈴木政典，山路幸郎：空気清浄，**26**（1989.5）48
2）B.Y.H.Liu, D.Y.H.Pui, W.O.Kinstly, W.G.Fisher：Presented at the 31st Annual Techni-
cal Meeting of IES, April/May,（1985）
3）R.P.Donovan, P.A.Lawless and D.D.Smith：Microcontamination, May, p.38,（1986）
4）M.Blitshteyn, S.Shelton：Microcontamination, Aug., p.28,（1985）
5）鈴木政典，田中政史，山路幸郎：第9回空気清浄とコンタミネーションコントロール
研究会予稿集，p.41,（1988）
6）鈴木政典，唐木千岳，松橋秀明，山路幸郎：第7回空気清浄とコンタミネーションコ
ントロール研究会予稿集，p.225,（1988）
7）鈴木政典，鈴木国夫，田中政史，山路幸郎：空気清浄，**29**（1992.6）40
8）K.D.Murray, P.C.D.Hobbs：Clean Corona Ionization, Proceeding of EOS/ESD Sympo-
sium,（1990）p.36
9）並木則和：クリーンテクノロジー，**4**（1994.7）67

第 **6** 章
開発された
クリーンルーム用
イオナイザー

この章では、第4章と第5章で述べた、クリーンルームでのイオナイザーによる静電気対策の問題点を解決するために開発されたクリーンルーム用イオナイザーについて詳細に述べる。

6.1 シースエア式低発塵イオナイザー（コロナ放電式）

　第5章で述べた、電極からの発塵の問題に対する改善は、現在まだ行われているが、充分改善されていない。

　従来、この発塵は、電極材が磨耗することにより生じると考えられ、そのため、耐磨耗性の電極材を用いることにより、発塵防止が行われていた[1-3]。

　しかし、上述したように電極からの発塵のメカニズムを詳細に調査した結果、①電極自体の飛散（電極の磨耗）と、②クリーンエア中の微量不純物の電極上への析出・堆積とその再飛散の2つの異なるメカニズムにより、発生することが明らかとなった[4-6]。そこで、これらの問題を解決するため、シースエア式低発塵イオナイザー（一例を図6.1に示す）を開発した。

6.1.1 シースエア式低発塵イオナイザーの概要

　シースエア式低発塵イオナイザーでは、耐磨耗性の特殊電極（X-Material電極）を用いるだけでなく、図6.2に示すように、電極周囲に微量不純物を

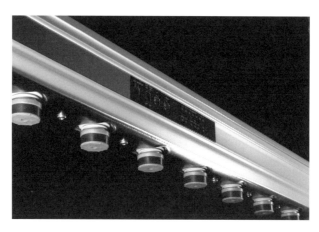

図6.1　シースエア式低発塵イオナイザー（シースエア式パルスACイオナイザー SJ-G228SO）の外観

含まない高純度エアまたは高純度窒素ガス等の不活性ガスを、電極を包む鞘状の流れ（シースエア）として供給し、その中でイオンを発生させることにより、電極上への不純物の析出防止を行っている。

6.1.2 発塵防止対策の評価結果

　電極からの発塵は、上述したように、1）電極材の飛散、2）電極上に析出・堆積したクリーンエア中の不純物の再飛散によるので、シースエア効果だけでなく、電極磨耗についても評価した。

①電極の磨耗量による評価

②電極からの金属汚染量による評価

③電極上への不純物の析出量による評価

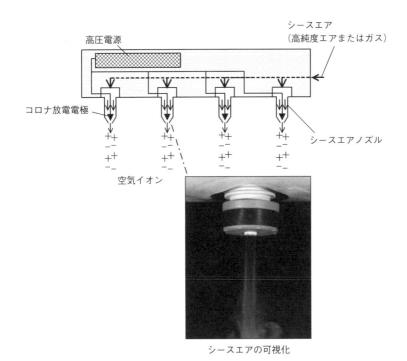

シースエアの可視化

図6.2　シースエア式低発塵イオナイザーの構造と原理

④電極から飛散する塵埃濃度による評価

　ここでは、電極がクリーンルームエア中に露出しているイオナイザーを従来式イオナイザーと呼び、シースエア中でイオン化するようにしたイオナイザーをシースエア式イオナイザーと呼ぶ。

（1）電極の磨耗量による評価

　従来式イオナイザー（正負一対の電極を持つPulsed-DCタイプのイオナイザー）に、種々の金属材料を針状に加工した正負一対の電極を、1種類づつ取り付け、どの種類の電極を取り付けた場合でも、放電電流を同じ2.45μAになるように出力電圧を調整した。電圧調整後、一定時間毎に実体顕微鏡Nikon製 SMZ-2T（倍率：80倍）、一部走査型電子顕微鏡 日本電子製JSM-840（倍率：200倍）を使用して電極を撮影し、撮影された電極の輪郭より、幾何的に電極の体積磨耗量を算出した。体積磨耗量は、時間に対してリニアであるので、評価には単位時間当たりの体積磨耗量（磨耗率）を用いた。

　種々の金属材料の耐磨耗性を、磨耗率［－］で評価した結果を図6.3[6)]に示す。電極は、負極よりも正極が著しく磨耗するので、評価は正極について

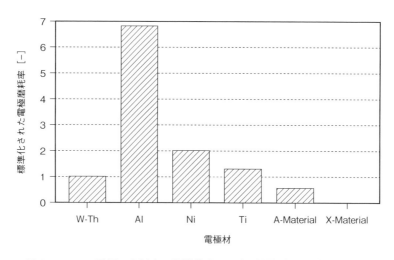

図6.3　W-Th電極の磨耗率で標準化された各種電極材の磨耗率の比較

行っている。この磨耗率［−］は、種々の金属材料の磨耗（単位時間当たりの体積磨耗量）を、クリーンルーム用イオナイザーの電極材として従来から使用されているW–Th（トリウム・タングステン合金）の磨耗率（単位時間当たりの体積磨耗量）で、標準化されている。

　今回考案した電極は、A–MaterialとX–Materialであるが、何れも従来の電極材（W–Th）に比べて磨耗が少ない。特に、X–Materialは著しく磨耗が少なく、従来の電極材の1/100以下で、電極の形状変化はほぼない。

　また、走査型電子顕微鏡により観察された、X–MaterialとW–Thの電極の磨耗状態（倍率：200倍）をそれぞれ**図6.4**に示す。X–Material電極は、W–Th電極より経過時間が長いにもかかわらず、磨耗が著しく少ないことがわかる。その原因については、まだ明らかになっていないが、以下のように

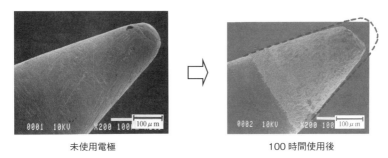

未使用電極　　　　　　　　100時間使用後

（a）従来電極（トリウム・タングステン合金）

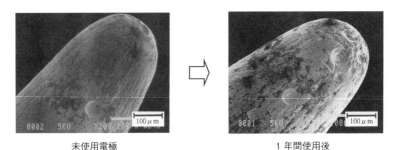

未使用電極　　　　　　　　1年間使用後

（b）X–Material電極

図6.4　開発したX–Material電極の磨耗防止効果

考えられる。

　A-Material電極は、ランタン・タングステン合金で、その電極にNiを
メッキし、アニール処理をした電極が、X-Material電極である。上述した
ように、W-Th電極は、正極が著しく磨耗することから、負極性の酸素イオ
ンにより化学スパタリングされている可能性が高い。それは、負極性の酸素
イオンによりW-Th電極の表面に酸化タングステンの比較的軟らかい膜が
形成され、それがさらにスパタリングされる現象である。Niは、表6.1 [7,8)]
に示すように、仕事関数が他の金属に比べ大きく、腐食（酸化）し難い性質
を持っている。仕事関数は、金属結晶内の原子から電子を引き離すに必要な
仕事量のことで、この値が大きい金属ほど不活性で、酸化され難いことを表
している。X-Material電極において、Niは正極における化学スパタリング
を防止する役割をはたしているものと思われる。しかし、Niは、タングス
テンに比べ、熱伝導率が小さく、かつ融点が低いため、Ni単体では、図6.3
に示すようにW-Th電極に比べ磨耗しやすい。X-Material電極において、
タングステンは、Niに比べ、熱伝導率が大きく、体積抵抗率が小さく、発
熱し易いNiの欠点を補っているものと思われる。Niの代替として、AuやPt
も考えられるが、これらの貴金属は、軟らかく、物理スパタリングされ易い
性質を持っている。

表6.1　各種金属の物性値[7,8)]

金属	仕事関数[*1)] [eV]	融点[*2)] [℃]	熱伝導率[*3)] [W/mK]	体積抵抗率[*3)] [$\times 10^{-8}\Omega$m]
Al	4.2	660	236	2.5
Ni	5.2	1455	94	6.2
Ir	4.57	2443	147	4.7
Rh	4.65	1960	150	4.3
Pt	5.36	1769	72	9.8
Cu	4.48	1085	403	1.6
Au	4.71	1064	319	2.1
Ti	4.16	1666	–	–
W	4.53	3407	177	4.9

＊1）真空における標準的値、＊2）1気圧下の値、＊3）0℃における値

(2) 電極からの金属汚染量による評価

　一方向流0.3m/sのクリーンルーム内に、**図6.5**に示すように、正負一対の X-Material電極を持つPulsed-DCタイプのイオナイザー（シムコイオン製 Nilstat5184e、印加電圧：＋23kV／−22.7kV、放電電流：＋/−数μA、タイミング：1秒）を設置し、その正と負の電極の直下150mmの位置に、4インチ鏡面ウェハをそれぞれ193時間放置して、X-Material電極からウェハ上に飛散付着したNiの量を、鏡面ウェハの表面をフッ酸で溶かし出し、その液を誘導結合プラズマ質量分析法（ICP-MS）により定量分析して、電極からの金属汚染量を測定した。その結果を**表6.2**に示す。X-Material電極による

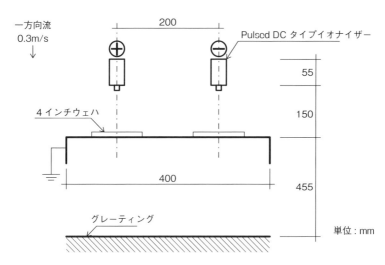

図6.5　金属汚染量を測定するための装置

表6.2　X-Material電極による金属汚染量（Ni元素）

試料	単位面積・単位時間当たりの原子数 [atoms/cm²/hr]
①バックグランド測定用ウェハ	−＊)
②正電極直下のウェハ	1.1×10^9
③負電極直下のウェハ	1.6×10^8

＊) −印は、分析下限未満を示す。分析下限：2.6×10^7atoms/cm²/hr

金属汚染量（電極材の飛散量）は、2011年版国際半導体技術ロードマップ[9]において許容されている値（1.0×10^{10} atoms/cm^2）より少ないが、今後、半導体素子の集積度が上がり、許容される金属汚染量（電極材の飛散量）はさらに少なくなることが懸念される。

(3) 電極上への不純物の析出量による評価

　クリーンルーム内に、W-Th電極を装着した従来式イオナイザーとX-Material電極を装着したシースエア式イオナイザー（シースエアとして、高純度N$_2$ガス：純度99.9995%以上を使用）を設置し、一定時間経過後、実体顕微鏡（Nikon製 SMZ-2T）により電極を撮影（倍率：80倍）し、各イオナイザーにおける不純物の析出量を、定性的に比較した（図6.6）。

　シースエア式イオナイザーでは経過時間が長いにもかかわらず、不純物の堆積量が著しく少ないことがわかる。

(4) 電極から飛散する塵埃濃度による評価

　クリーンルーム内で、正負一対の電極を持つPulsed-DCタイプのイオナイザーの正・負の電極（A-Material）の直下0.1mに、パーティクルカウンター（KANOMAX製 CNC 3851 ＞0.03μm）のサンプリングチューブを設置し、両極から飛散する、0.03μm以上の微粒子濃度の経時変化を、測定した結果の一例を図6.7[6]に示す。

　従来式イオナイザーでは、100時間程度で塵埃の突発的な飛散がみられるが、シースエア式イオナイザーでは、発塵のバーストは無く塵埃濃度も低く、シースエアの効果が確認できる。

　さらに、シースエア式イオナイザーでは2000時間経過しても、バーストは生じなかった。ただし、図6.7の塵埃濃度はバックグランド（0.01μm以上の粒子が1.0p/cft以下）を差し引かれていない。また、この時のシースエア式イオナイザーでは、高純度N$_2$ガスでは無く、クリーンルーム内でコロナ放電させた時に、エア中の不純物が電極上に析出してくる現象を、逆に集塵

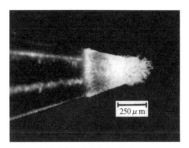
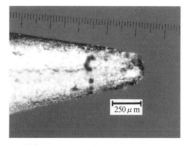

（a）従来式イオナイザーで　　　　　　（b）シースエア式イオナイザーで
　　100 時間使用後　　　　　　　　　　　　7 ヶ月間使用後

図6.6　シースエア効果による電極上への不純物の析出防止効果

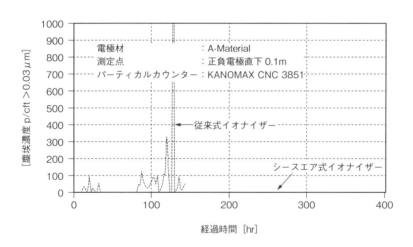

図6.7　コロナ放電電極から飛散した塵埃濃度による比較

に応用した特殊な電気集塵装置[5,6)] により処理したクリーンエアをシースエ
アとして使用した。

　この節では、クリーンルーム用イオナイザーの一つとして、開発してきた
シースエア式低発塵イオナイザーの概要と発塵防止対策の評価結果について
述べた。その結果から以下のことが明らかとなった。

①考案したX-Material電極は、従来のW-Th電極に比べて著しく磨耗が少なく、磨耗量は、従来電極の1/100以下であった。1年間実際に使用した場合でも磨耗はわずかであった。

②X-Material電極による金属汚染量は、2011年版国際半導体技術ロードマップにおいて許容されている値より少ないが、今後、半導体素子の集積度が上がり、許容される金属汚染量はさらに少なくなることが懸念される。

③シースエア式イオナイザーは、従来式イオナイザーに比べ、不純物の電極上への堆積量が著しく少ないことを確認した。7ヶ月間使用しても堆積量はわずかであった。

④電極から飛散する塵埃濃度は、従来式イオナイザーでは、100時間程度で塵埃の突発的な飛散が観られたが、シースエア式イオナイザーでは、2000時間経過しても、発塵のバーストは無く塵埃濃度も低く、シースエアの効果が確認できた。

【6.1 参考及び引用文献】

1) Th.Sebald, H.H.Stiehl, R.Sigusch：How to Avoid Particle Generation from Needle Electrode of ionizer Systems for Clean Rooms, presented at 8th International Symposium on Contamination Control of ICCCS,（Sept., 1986）

2) M.Yost, A.Steinman and A.Lieberman：Developing a New Apparatus for Measuring Particle Emissions from Air Ionizers, Microcontamination,（Sept., 1989）p.33

3) 岡田孝夫, 吉田隆紀, 阪田総一郎：スーパークリーンルーム用イオナイザの開発：第7回エアロゾル科学・技術研究討論会予稿集,（Aug., 1989）p.143

4) 鈴木政典, 山路幸郎：スーパークリーンルームにおける空気イオン化システムからの発塵特性について, 空気清浄　26巻5号（1989）p.48

5) 鈴木政典：クリーンルーム内の空気イオン化の効果, クリーンテクノロジー, 2巻1号（1992）p.31

6) 鈴木政典, 鈴木国夫, 田中政史, 山路幸郎：無発塵空気イオン化システムの開発, 空気清浄, 29巻6号（1992）p.40

7) 伊藤伍郎：改訂　腐食科学と防食技術, コロナ社（1979）pp.14-16

8) 国立天文台編：理科年表, 丸善（2003）pp.393-407

9) ITRS 2011 Edition, Yield Enhancement

6.2 　新耐磨耗性電極の長期耐久試験と金属汚染量の測定

　第5章で、コロナ放電式イオナイザーとその問題点について述べ、前節で、その対策方法として、シースエア式低発塵イオナイザーを紹介した。その発塵防止対策の一つとして、電極材料と磨耗防止について述べ、開発した耐磨耗性電極（X-Material電極）の性能評価結果について述べた[1,2]。

　しかし、X-Material電極からの電極材の飛散による金属汚染量（1.1×10^9atoms/cm^2/hr）は、2011年版国際半導体技術ロードマップにおいて、許容されている値（5.0×10^9atoms/cm^2）より少ないが、今後、半導体素子の集積度が上がり、許容される電極材の飛散による金属汚染量はさらに少なくなることが懸念された[2,3]。そこで、新たに耐磨耗性電極の開発を行った。

　本節では、新たに開発した電極の耐磨耗性を評価するため、電極の長期耐久試験とその電極による金属汚染量の測定を行ったので、その結果について述べる。

6.2.1 　新たに開発した耐磨耗性電極の原理と製法（概要）

　コロナ放電電極として従来からよく使用されているタングステン電極等では、磨耗によって正極において著しく電極形状が変化するが、負極では電極の形状変化はほとんどない。電極の磨耗は、正または負のイオンによるスパタリング現象と推定されているが、特に正極で磨耗が著しい原因は、酸素由来のイオンによる酸化反応を伴う化学スパタリングが生じるためと推定されている[2,4,5]。

　そこで、金属の腐食性を示す仕事関数が、およそ5eV以上の化学的に安定な金属（酸化され難い金属）で、かつ1000℃以上の比較的融点が高い金属を表層にし、基材を、表層よりも融点が高く、かつ放熱特性を良くするため、100W/mK以上の比較的熱伝導率が大きな金属とした積層構造の放電電極を考案し、前節で述べたX-Material電極を開発した[2,5]。

今回、新たに開発した耐磨耗性電極は、I-Material電極とR-Material電極の2種類で、製法の概要はそれぞれ以下の通りである。I-Material電極は、ランタン・タングステン合金電極の上にイリジウム（Ir）をメッキし製作し、R-Material電極は、ランタン・タングステン合金電極の上に、ロジウム（Rh）をメッキし、水素雰囲気中で焼締め（500℃で20分間熱処理）をして製作した（表6.1）。前節で述べたX-Material電極は、R-Material電極とほぼ同じ製法で、表層金属としてニッケル（Ni）をメッキした。

6.2.2 実験装置および実験方法

（1）長期耐久試験

長期耐久試験を行うための実験装置を図6.8に示す。一方向流型クリーンルーム（0.02μm class1、一方向流：0.3m/s、23℃）内に、Pulsed-DCタイプのイオナイザー（シムコイオン製 AeroBar Model 5225S）を設置して、その正極と負極用の8対のチャックに、それぞれI-Material電極3対、R-Material電極3対、比較のためにタングステン電極1対とX-Material電極1対を装着した。イオナイザーの設定は、印加電圧：＋5.1kV／－4.8kV、放電電

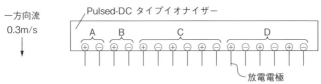

図6.8　長期耐久試験を行うための実験装置

流：＋/－数µA、タイミング：1秒、とした。電極の形状は、2mmφ×
23mmLで、電極先端が約50µmφの円錐台形である。長期耐久試験は、約1
年間（10200時間）行った。その間、定期的にデジタル実体顕微鏡（キーエ
ンス製 VHX-100）で電極の状態を撮影した。撮影は、エア中から電極先端
に析出した付着物を、アルコール（IPA）を湿らせたワイプで拭取ってから
行った。

(2)　金属汚染量の測定

　I-Material電極またはR-Material電極による金属汚染量を測定するための
実験装置を**図6.9**に示す。上述のクリーンルーム内に、Pulsed-DCタイプの
イオナイザー（シムコイオン製Nilstat5184e、印加電圧：＋23kV/－
22.7kV、放電電流：＋/－数µA、タイミング：1秒）を設置し、そのイオナ
イザーの正と負の電極の直下にそれぞれ4インチの鏡面ウェハを設置して、

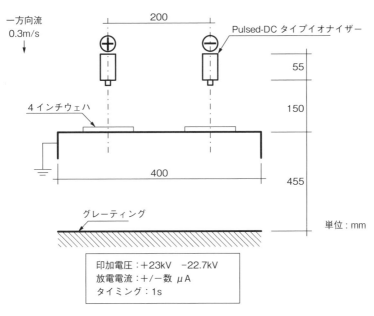

図6.9　金属汚染量を測定するための実験装置

193時間経過後、鏡面ウェハの表面をフッ酸で溶かし出し、鏡面ウェハ上にトラップした各電極の表層部の金属であるイリジウム原子またはロジウム原子の量を誘導結合プラズマ質量分析法（ICP-MS）により定量分析して、各電極による金属汚染量をそれぞれ測定した。なお、用いた電極の形状は、2mmϕ×27mmLで、電極先端が約50μmϕの円錐台形である。

6.2.3 実験結果

（1）長期耐久試験

　長期耐久試験の結果を図6.10〜13に示す。これらの図の写真は、未使用時と約1年経過後の各電極の状態を、デジタル実体顕微鏡でそれぞれ撮影したものである。

　従来からクリーンルーム用として一般に使用されているタングステン電極は、著しく磨耗（形状変化）しているが（図6.10）、前節で述べたX-Material電極、新たに開発したI-Material電極とR-Material電極は、磨耗が無いことがわかる（図6.11〜13）。ただし、3対のR-Material電極の内1対は、正電極に磨耗が確認された。この磨耗は、電極の撮影時にIPAを湿らせたワイプで付着物を拭取った際に、表層のロジウムメッキが基材のランタン・タングステン合金電極から剥離したことが原因と思われる。剥離防止のため、ロジウムメッキとランタン・タングステン合金電極とをより強固に密着させる

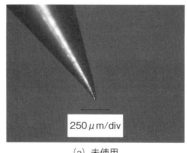

（a）未使用

（b）約1年経過後

図6.10　タングステン電極の長期耐久試験結果（正極、倍率：200倍）

(a)　未使用　　　　　　　　　　　　　　(b)　約1年経過後

図6.11　X-Material電極の長期耐久試験結果（正極、倍率：200倍）

(a)　未使用　　　　　　　　　　　　　　(b)　約1年経過後

図6.12　I-Material電極の長期耐久試験結果（正極、倍率：200倍）

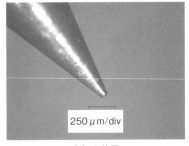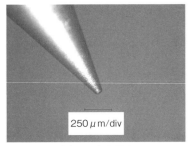

(a)　未使用　　　　　　　　　　　　　　(b)　約1年経過後

図6.13　R-Material電極の長期耐久試験結果（正極、倍率：200倍）

表6.3　各種耐磨耗性電極の金属汚染量の測定結果

耐磨耗性電極	X-Material電極 (ニッケルメッキ電極) 表層金属：Ni	I-Material電極 (イリジウムメッキ電極) 表層金属：Ir	R-Material電極 (ロジウムメッキ電極) 表層金属：Rh
	[atoms/cm^2/hr]		
バックグランド測定用ウェハ	–	–	–
正電極直下のウェハ	1.1×10^9	2.5×10^7	–
負電極直下のウェハ	1.6×10^8	–	–
定量下限	2.6×10^7	0.8×10^7	1.6×10^7

＊1）表中の－印は、定量下限未満を示す。
＊2）耐磨耗性電極の基材金属：ランタン・タングステン合金

方法を再度検討する必要があることがわかった。なお、正電極のみ表示しているのは、負極はほとんど磨耗（形状変化）しないからである。

(2) 金属汚染量の測定

　新たに開発したI-Material電極またはR-Material電極の表層部から鏡面ウェハ上に飛散したイリジウム原子またはロジウム原子の量を定量分析することで、金属汚染量を測定し、前節で述べたX-Material電極と耐磨耗性の比較評価を行った。その結果を**表6.3**に示す。I-Material電極による金属汚染量はX-Material電極のおよそ1/100で、R-Material電極による金属汚染量は、X-Material電極の1/100以下であることがわかった。

　この節では、新たに開発した電極の耐磨耗性を評価するため、電極の長期耐久試験とその電極による金属汚染量の測定を行った。その結果、以下のことがわかった。

①電極の長期耐久試験を行った。その結果、約1年経過しても、以前開発したX-Material電極、新たに開発したI-Material電極とR-Material電極は、磨耗（形状変化）が無いことがわかった。ただし、3対のR-Material電極の内1対は、正電極に磨耗が確認された。この磨耗は、表層のロジウ

ムメッキが基材のランタン・タングステン合金電極から剥離したことが原因と思われ、剥離防止のためロジウムメッキとランタン・タングステン合金電極とをより強固に密着させる方法を再度検討する必要があることがわかった。

②耐磨耗性電極による金属汚染量を測定した結果、I-Material電極による金属汚染量はX-Material電極（1.1×10^9atoms/cm^2/hr）のおよそ1/100で、R-Material電極による金属汚染量は、X-Material電極の1/100以下であることがわかった。

【6.2　参考及び引用文献】

1）鈴木政典，山路幸郎：空気清浄，26巻5号（1989）p.48
2）鈴木政典，佐藤朋且：第23回EOS/ESD/EMCシンポジウム，（2013.10）p.98
3）ITRS 2011 Edition, Yield Enhancement
4）R.P.Donovan, P.A.Lawless and D.D.Smith：Microcontamination,（May, 1986）p.38
5）鈴木政典，鈴木国夫，田中政史，山路幸郎：空気清浄，29巻6号（1992）p.40

6.3 シースエア量を低減したシースエア式低発塵イオナイザー

　前節（6.1）で述べたように、微量不純物を除去したガス流（シースエア）でイオン発生電極を覆うことにより、クリーンルーム内エア中の微量不純物が、電極上に析出・堆積して再飛散する現象を防止するシースエア式低発塵イオナイザーを考案した[1]（図6.1）。そして、半導体や液晶製造工場等では、イオナイザーのイオン発生電極の周囲に供給するシースエアとして、工場内で多用されている高純度N_2ガスが利用されていた。けれども、高純度N_2ガスが高価であるため、シースエア量の低減が求められていた。

　そこで、本節では、イオナイザーの断面形状を流線形にすることにより、イオナイザー本体（一般に矩形断面）下部に形成される渦による気流の乱れを整流し、シースエア効果を高め、高価なシースエア量を低減することを特長とするシースエア式低発塵イオナイザーを開発し、その発塵防止性能を評価したので、その結果について述べる。

6.3.1 シースエア量低減の検討

　イオナイザー本体（図6.1）の断面形状を流線形にすることにより、シースエア量を1L/min/ nozzleから0.5L/min/ nozzleに低減することを検討した。

　イオナイザー本体の下部に、断面形状を流線形にするためにくさび形のカバーを取り付けた場合のシースエアノズル電極（シースエア量：0.5L/min/ nozzle、印加電圧：およそ5.5kV、電極先端形状：およそ$150\mu m\phi$、電極本体形状：$2mm\phi$）のシースエア効果を、①電極上への不純物の析出量、②シースエアの可視化により評価した。

　電極上への不純物の析出量は、シースエア式低発塵イオナイザーを168時間使用した後、デジタル実体顕微鏡（キーエンス製 VHX-100）により観察

した。また、シースエアの可視化は、シースエア式低発塵イオナイザーを一
方向流型クリーンルーム（一方向流：0.3m/s）内に設置し、四塩化チタンが
空気中の水蒸気と反応して白煙を生じるタイプの発煙管を、シースエアノズ
ル電極にシースエアとして高純度N_2ガスを供給する管路途中に挿入して、
シースエアノズル電極からのシースエアを可視化した。

　電極上への不純物の析出量の観察結果を図6.14に、シースエアの可視化
結果を図6.15に示す。その結果、イオナイザー断面を流線形にするために
くさび形のカバーを取り付けた場合、電極上への不純物の析出がほとんど無
いこと（図6.14-(b)）、また可視化結果よりシースエア量0.5L/min/nozzleに
おいてもシースエアが乱されないこと（図6.15-(b)）が確認できた。

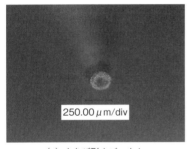

(a) くさび形カバーなし　　　　　　　(b) くさび形カバーあり

図6.14　168時間後の電極の状態（シースエア量：0.5L/min/nozzle）

(a) くさび形カバーなし　　　　　　　(b) くさび形カバーあり

図6.15　シースエアの可視化（シースエア量：0.5L/min/nozzle）

6.3.2 開発したシースエア式低発塵イオナイザーの発塵防止性能（シースエア効果）

　開発したシースエア式低発塵イオナイザー（**図6.16**）のシースエアノズル電極（シースエア量：0.53L/min/nozzle、印加電圧：およそ5.5kV、電極先端形状：およそ50μmϕ、電極本体形状：2mmϕ）の発塵防止性能を、①電極上への不純物の析出量、②シースエアの可視化、③電極からの発塵濃度（発生粒子濃度）により評価した。それらの結果をそれぞれ**図6.17～19**に示す。

　電極上への不純物の析出量の観察とシースエアの可視化は、上述した方法と同じである。発塵濃度は、シースエア式低発塵イオナイザーを一方向流型クリーンルーム（清浄度：0.02μm class1、一方向流：0.3m/s）内に設置して、シースエアノズル電極直下5cmの位置で、パーティクルカウンター（PMS社製LASAIR II 110、測定レンジ：0.1～5.0μm）で測定した。

　シースエア量が0.53L/min/nozzleでも、イオナイザー本体断面を流線形にすることによりシースエアは乱されないことが確認できた（図6.18）。そして測定期間が1週間程度（およそ160時間）であるが、電極上への不純物

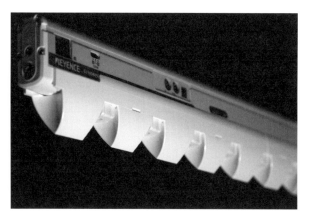

図6.16　開発したシースエア式低発塵イオナイザーの外観

図6.17　約160時間後の電極の状態（シースエア量：0.53L/min/nozzle）

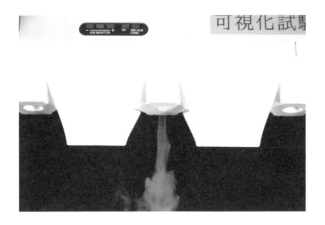

図6.18　シースエアの可視化（シースエア量：0.53L/min/nozzle）

の析出はほとんど無く（図6.17）、また発塵濃度は0.1〜0.2μmの粒子が10p/cft以下で、0.2μm以上の粒子が1p/cft以下になっていること（図6.19）が確認できた。なお、開発したシースエア式イオナイザーでは、電極先端形状は、コロナ放電を安定に行うためおよそ150μmϕからおよそ50μmϕに変更されている。

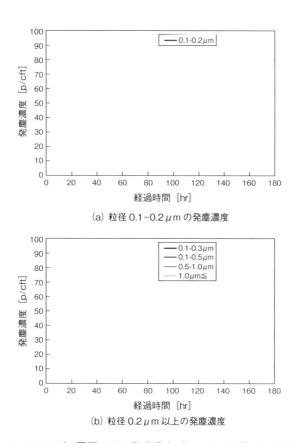

(a) 粒径 0.1-0.2μm の発塵濃度

(b) 粒径 0.2μm 以上の発塵濃度

図6.19　シースエアノズル電極からの発塵濃度（シースエア量：0.53L/min/nozzle）

　この節では、イオナイザーの断面形状を流線形にすることにより、イオナイザー本体下部に形成される渦による気流の乱れを整流し、シースエア効果を高め、高価なシースエア量を低減することを特長とするシースエア式低発塵イオナイザーを開発し、その発塵防止性能を評価した結果について述べた。

　シースエア量の低減はほぼ限界であるので、今後は、現在行っているシースエアを使用しない方式のクリーンルーム用イオナイザー[2-5] の実用化に注力することが必要と思われる。

　半導体・液晶製造において、未だに、静電気による生産障害が充分に解決されていないのが、実情であるので、イオナイザー等による静電気制御技術のさらなる発展が早急に望まれる。

【6.3　参考及び引用文献】

1) 鈴木政典, 鈴木国夫, 田中政史, 山路幸郎：空気清浄, 29巻6号（1992）p.40
2) 鈴木政典, 佐藤朋且, 鉾治幸, 石川昌義：月刊ディスプレー, **6**（2000.11）39
3) 鈴木政典, 佐藤朋且, 水野彰：静電気学会誌, **37**, 5（2013）215
4) 鈴木政典, 佐藤朋且, 松橋秀明, 水野彰：静電気学会講演論文集'03, p.53（2003.9）
5) 鈴木政典, 松田喬, 松橋秀明, 水野彰：静電気学会講演論文集'09, p.65（2009.9）

6.4 イオン化気流放出型イオナイザー (軟X線照射式)

　近年、半導体や液晶製造工程において、無発塵で除電性能に優れ、かつ図4.1に示すように2mm厚の塩ビ板で完全に遮蔽ができるほど遮蔽が容易なことから、エネルギーが3～9.5keV（ピーク　約6keV）の軟X線（図4.2）をイオン化源とするイオナイザー（表4.1）が利用されるようになってきている[1-4]。一例を図6.20に示す。しかし、このイオナイザーを生産装置等に設置した場合、軟X線を遮蔽するため、生産装置を塩ビ板等で囲み、万一作業者が囲み内に入った場合でも、X線照射が自動停止する安全対策が必要で、取り扱いが比較的不便であった[3]。そこで、イオナイザー自体からの発塵や軟X線の漏れが無く、設置後塩ビ板等による遮蔽が必要ないイオナイザー（イオン化気流放出型イオナイザー）を開発してきた[3]。以下に、イオン化気流放出型イオナイザーの特長と各種イオン化気流放出型イオナイザーの概要について述べる。

6.4.1 イオン化気流放出型イオナイザーの特長

　イオン化気流放出型イオナイザーの主な特長を以下に示す。

（1）カセット内ガラス基板の隙間等の狭いスペースの除電が可能

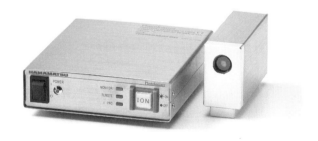

図6.20　軟X線イオナイザーの外観（浜松ホトニクス製 L12645）

(2) コロナ放電を用いた従来タイプのイオナイザーのように、放電電極を使用せず、軟X線によりイオン化するため、①電極からの発塵、②オゾンの発生等の問題が無い[5]。

(3) 設置時の出力調整が不要、また、一定期間に一度、軟X線管及びその収納部を交換するだけで、保守が容易である。

(4) イオナイザー自体が、軟X線の遮蔽構造になっているため、設置の際、このイオナイザーの周囲を遮蔽構造とする必要が無く、設置が容易で安全である。

　上記特長を持つイオン化気流放出型イオナイザーの構成は、種々考えられる。以下に、代表的な3タイプの構成について述べる。

6.4.2 各種イオン化気流放出型イオナイザーの概要

(1) 液晶カセット用イオン化気流放出型イオナイザー

　液晶カセット用イオン化気流放出型イオナイザー[6]は、図6.21に示すように、軟X線管を内蔵したイオン化チャンバー（本体部）とディストリビューター（ヘッダー部）とから構成される。エアを本体部下部の給気口より供給し、その後軟X線によりイオン化し、ヘッダー部側面の直径1mmϕの

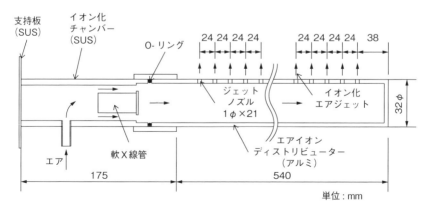

図6.21　液晶カセット用イオン化気流放出型イオナイザーの概略（断面図）

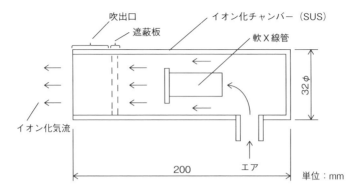

図6.22　チャンバー型無発塵イオナイザーの概略（断面図）

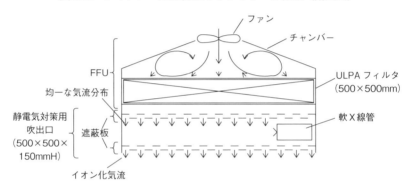

図6.23　FFUに設置した場合の静電気対策用層流吹出口の概略（断面図）

図6.24　FFUに設置した場合の静電気対策用層流吹出口の外観

細孔ノズル（21個）よりイオン化された気流としてカセット（20枚充填用）内のガラス基板の隙間に放出する構造になっている。なお、このイオナイザーは、ヘッダー部側面の細孔ノズルの直径と側面の厚みにより軟X線を遮蔽している。

(2) チャンバー型無発塵イオナイザー（イオンカラム）

　図6.22に示すイオナイザー[6)]は、カセット用と同様に、エアをチャンバー内に流入させ、チャンバーに内蔵したイオン化源（軟X線）でイオン化し、発生した正負イオンをチャンバー出口より帯電体に供給し、除電する方式のイオナイザーである。そして、イオン化源の下流側にはイオン化源から発生する軟X線を遮蔽する構造を有している。遮蔽板は、複数枚のパンチング板からなり、イオン化気流は通すが、軟X線は遮断する構造になっている。このイオナイザーは、局所空間に多量の正負イオンを供給でき、除電性能に優れている。

(3) 静電気対策用層流吹出口（イオンキューブ）

　この吹出口[6)]は、例えば**図6.23**のようにファンフィルタユニット（FFU）等のフィルタ直下を、軟X線でイオン化し、フィルタからの下降一方向流により、正負イオンを作業領域へ搬送し除電するイオナイザー付き吹出口である。このイオナイザーの外観を**図6.24**に示す。軟X線管の上流側と下流側には、複数枚のパンチング板等からなる遮蔽板が設置されていて、イオン化気流または気流を通すが軟X線を遮断する構造になっている。このイオナイザーは、吹出口全面から正負イオンを一様に供給できる。

　この節では、イオン化気流放出型イオナイザーの特長と各種イオン化気流放出型イオナイザーの概要について述べた。次節以降では、各種イオン化気流放出型イオナイザーの遮蔽性能と除電性能について述べる。

【6.4 参考及び引用文献】

1) 笠間泰彦, 仲野 陽, 三森健一：TFT・LCD製造工程における静電気課題, ウルトラクリーンテクノロジー, 6巻1号 (1994) p.1
2) 山本稔：液晶製造工程における静電気対策, クリーンテクノロジー, 12巻3号 (2002) p.1
3) 鈴木政典, 和泉貴晴, 鋒治幸, 石川昌義：軟X線イオナイザーの安全な使用方法, クリーンテクノロジー, 10巻6号 (2000) p.18
4) 浜松ホトニクス：フォトイオナイザL6941取扱説明書
5) 鈴木政典, 鈴木国夫, 田中政史, 山路幸郎：無発塵空気イオン化システムの開発, 空気清浄, 29巻6号 (1992) p.40
6) 鈴木政典, 佐藤朋且, 鋒治幸, 石川昌義：イオン化気流放出型イオナイザーの開発-カセット内液晶用ガラス基板の除電-, 月刊ディスプレー, 6巻11号 (2000) p.39

6.5 液晶カセット用イオン化気流放出型 イオナイザーの遮蔽性能と除電性能

　この節では、従来のコロナ放電式イオナイザーや軟X線イオナイザーで
は、イオンが充分内部まで到達しないため、除電が比較的困難であったカ
セット内のガラス基板の除電用に考案した、液晶カセット用イオン化気流放
出型イオナイザー（**図6.25**）の遮蔽性能と除電性能の評価結果について述
べる[1]。

6.5.1 軟X線の遮蔽性能

　図6.21に示すヘッダー部側面の直径1mmϕの細孔ノズル、本体部とヘッ
ダー部との接続部、電気ケーブル取出部に、10mm近くまで、電離箱式サー

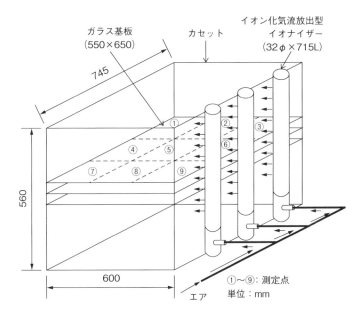

図6.25　除電性能評価のための装置概略

ベーメータ（米国ビクトリーン社製 450B-SI）を近づけ漏れ線量を測定した。その結果、バックグランドの放射線量（約0.3μSv/hr）とほぼ同じであることを確認した。

6.5.2 | 除電性能の評価方法

　図6.25に示すように、イオン化気流放出型イオナイザー（32mmϕ×715mmL）3本を液晶ガラス基板用カセット（20枚充填用）の側面に配置し、カセット内のガラス基板に対する除電性能を測定した。ヘッダー部側面の直径1mmϕの細孔ノズルは、24mmピッチで21個開いており、ちょうど、ガラス基板の間にイオン化気流を放出できるように配置してある。

　実際の生産装置のローダ／アンローダ部におけるカセット内のガラス基板の充填状態は、動的で、時間と共に変化する。例えば、アンローダ部においては、カセットの上または下からガラス基板が一枚づつ充填されていき完全に充填された静的状態で置かれている時間は短い。また、ガラス基板は、ハンドリング中の接触・剥離等で、それ自体が帯電するだけでなく、カセット内の他の帯電したガラス基板の誘導により複雑な帯電状態を呈する。

　そのため、適切な評価方法自体を検討する必要があるが、本節では、評価方法の一例として、①ガラス基板の時間的な充填状態（下段から始まり中段、上段まで充填された場合、また上段から始まり下段まで引き出された場合を想定する）と②誘導帯電の影響を考慮した方法で、下記の手順により、ガラス基板の電位減衰曲線を求め、このイオナイザーの除電性能を評価した。

(1) ガラス基板3枚を一組とし、一番下の基板に**図6.26**に示すように測定点（①〜⑨）の印が付けられている。まず、一番上のガラス基板を引き抜いてから、中央のガラス基板をブロワ型イオナイザーで除電した後、負イオン発生用のイオナイザーで一様に数kVに帯電させる。

(2) その後、引き抜いてあった一番上のガラス基板をブロワ型イオナイザー

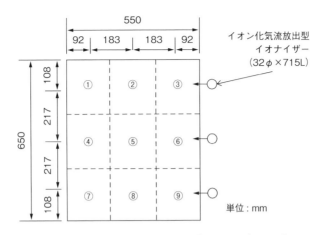

図6.26 ガラス基板面内の測定点の配置（平面図）

で除電してから、帯電させた基板の上の段に戻し、帯電させたガラス基板による誘導帯電電位（初期電位）を、米国イオンシステムズ社製 表面電位計SFM775により測定する。

(3) イオン化気流放出型イオナイザー（3本）には、エア 245 L/minが初めより供給されていて、この段階で、このイオナイザーのイオン化チャンバー内で一定時間軟X線を照射して、供給エアをイオン化し、ディストリビュータよりイオン化された気流として一定時間放出した後、すなわち、3枚のガラス基板が一定時間除電された後、一番上のガラス基板の電位（中央のガラス基板による誘導帯電電位）を①〜⑨の測定点で測定する。この除電と電位測定を数回繰り返して、各測定点における電位減衰曲線を求める。

(4) (1)〜(3) の操作を、評価用ガラス基板がカセットの上段、中段、下段にある場合について、それぞれ行なう。

6.5.3 | 除電性能の評価結果

　評価用のガラス基板がカセットの上段、中段、下段にある場合の各測定点①〜⑨における電位減衰曲線の一例（供給エア流量：245L/min/3本、細孔

ノズル径：1mmφ、細孔ノズル数：21個）をそれぞれ**図6.27**（a）、（b）、（c）に示す。ここでは、電位（図6.27では、電位減衰の値）は初期電位を1とした無次元数で示されている。

電位減衰曲線は、この電位が、より短い除電時間（図6.27では、減衰時間の値）でゼロに近づくほど、除電性能が良いことを表わしている。また、ガラス基板面内の各測定点における電位減衰曲線が一致するほど、各測定点における除電速度（除電時間と共に電位が減衰する速さ）が同じになり、各測定点において除電性能にむらがないことを表わし、除電性能が良いことを表わしている。

上段を除いて、ガラス基板面内の各測定点における電位に多少バラツキがあるが、除電時間20〜40秒程度で、初期電位の8割程度（すなわち、残留電位は2割程度）まで除電できることがわかる。最初のガラス基板をカセット（20枚充填用）に充填または引き出してから最後の一枚を充填または引き出すまでの時間が、装置によって異なるが、およそ5〜10分程度であるので、上記の除電時間で実用上除電が可能であると思われる。

評価用のガラス基板がカセットの上段にある場合は、中段、下段にある場合より、除電時間がやや長く掛かり、また、各測定点において除電性能にむらがあり、イオナイザーより遠い測定点（①、④、⑦）の除電速度がやや遅い。しかし、カセット上段の細孔ノズル数を増やす（すなわち、全供給エア流量を一定にして、上段部のエア流量を増やす）等の工夫をすることで、除電性能をある程度改善できるものと思われる。また、全供給エア流量そのものを増やすことで、イオン量が増加するので、この方法でも改善できるものと思われる。この場合は、このイオナイザーそのものの除電性能の改善になる。

6.5.4 従来方式によるカセット内のガラス基板に対する除電性能

比較のために、従来方式（シースエア式イオナイザー 5292e-24-6）により、カセット内のガラス基板に対する除電性能を評価した結果（電位減衰曲

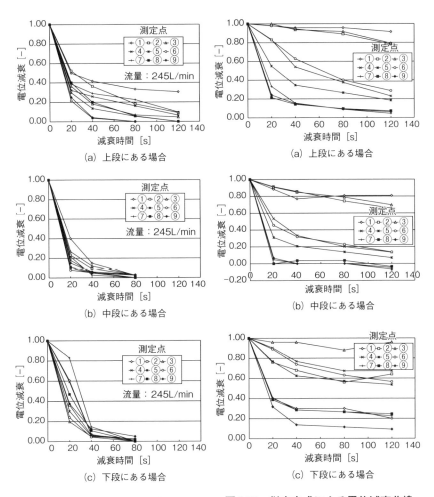

図6.27　イオン化気流放出型イオナイザーによる電位減衰曲線

図6.28　従来方式による電位減衰曲線

線）の一例を以下に示す。

　一方向流型クリーンルーム（一方向流：0.3m/s）内で、図6.29に示すように、カセットのガラス基板出入口部斜め上方に、5292e-24-6（パルスDCモード）を設置し、帯電プレートモニタ（米国イオンシステムズ社製CPM210）の帯電プレートをイオナイザー直下でカセットの中段レベルの高

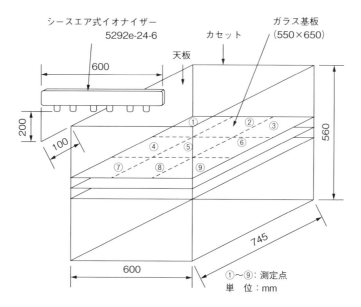

シースエア式イオナイザー
5292e-24-6

天板

カセット

ガラス基板
(550×650)

600

200

100

560

745

600

①〜⑨：測定点
単　位：mm

図6.29　従来方式による除電性能評価のための装置概略

さに合わせて、イオナイザーの出力調整（イオン発生タイミング：0.8秒、イオンバランス：＋70/−70V、CPM210による除電性能（±1kV→±0.1kV）：8秒）を行った。評価方法は、前述のイオン化気流放出型イオナイザーと同様である。

　評価結果を**図6.28**に示す。各測定点における電位減衰曲線は、評価用ガラス基板の位置が上中下段何れの位置にある場合でも、イオン化気流放出型イオナイザーによる場合に比べ、全体的にばらついている。測定点がイオナイザーから遠ざかる程、すなわちカセットの奥に行く程、電位減衰時間が長くなり（⑦⑧⑨→④⑤⑥→①②③）、除電性能がかなり低下している。評価用ガラス基板がイオナイザーの出力調整を行った中段にある場合においても、測定点①②③における除電性能はあまり良くない。この傾向は、上記のようにイオナイザーを設置した場合、5292e-24-6に限らず生じる。しかし、5292e-24-6からガラス基板の間を通る流れを仕切り板等で形成することが

可能な場合は、かなり除電性能が改善される。

　この節では、従来のイオナイザーでは除電が比較的困難であった、カセット内に充填されたガラス基板の除電用に考案したイオン化気流放出型イオナイザーについて、特にその除電性能の評価結果について述べた。

　評価方法は、いろいろ考えられるが、ガラス基板の時間的な充填状態と誘導帯電の影響を考慮した方法で評価した結果、ガラス基板が上段にある場合を除いて、除電時間は20〜40秒程度で、初期電位の8割程度（残留電位は2割程度）まで除電できることがわかった。また、上段にある場合は、多少工夫が必要であることもわかった。

　さらに、従来方式により、カセット内のガラス基板に対する除電性能を比較のために評価した。その結果、一例ではあるが、イオン化気流放出型イオナイザーは従来方式に比べ除電性能が優れていることを確認した。

　今回の評価結果から、本イオナイザーによりカセット内のガラス基板の除電が実用上可能であること、また従来方式に比べ有効であることが示された。

【6.5　参考及び引用文献】

1）鈴木政典,佐藤朋且,鋒治幸,石川昌義：イオン化気流放出型イオナイザーの開発－カセット内液晶用ガラス基板の除電－，月刊ディスプレー，6巻11号（2000）p.39

6.6 チャンバー型無発塵イオナイザー （イオンカラム）の遮蔽性能と除電性能

　近年、前述したように、半導体や液晶製造工程において、無発塵で除電性能に優れ、かつ遮蔽が容易なことから、エネルギーが3〜9.5keV（ピーク 約6keV）の軟X線をイオン化源とするイオナイザー（表4.1）が利用されるようになってきている[1,2]。しかし、このイオナイザーを生産装置等に設置した場合、軟X線を遮蔽するため、生産装置を塩ビ板等で囲み、万一作業者が囲み内に入った場合でも、X線照射が自動停止する安全対策が必要で、取り扱いが比較的不便であった[1]。そこで、イオナイザー自体からの発塵や軟X線の漏れが無く、設置後塩ビ板等による遮蔽が必要ないイオナイザーを考案した[1]。チャンバー型無発塵イオナイザー（イオンカラム）は、その一例である（図6.30）。図6.22と構造が異なるが同じ種類のイオナイザーである。

　このイオナイザーにおいては、安全上、正負イオンは通過できるが、軟X線は遮蔽される遮蔽構造が必要である。しかし、遮蔽構造体にイオンが通るための開孔を設けた状態で、軟X線を遮蔽することは困難であった。

　次節[3,4]においては、図6.23に示すように、一定の隙間をあけて、孔が重ならないように重ねた種々のパンチング板2枚とハニカムからなる、簡単な構造の遮蔽板のサンプルを用いて、軟X線を遮蔽するための遮蔽構造の条件を検討する。本節[5]（図6.30）では、小孔径の金属パイプのサンプルを用いて軟X線を遮蔽することを試み、その遮蔽構造の条件について検討を行った。そして、イオナイザーの実機にて、その遮蔽構造を最適化することで、軟X線の漏洩線量率を1μSv/hr以下にでき、かつ正負イオンが充分に通過できることを確認した。それらの結果について述べる。

6.6.1 チャンバー型無発塵イオナイザーの概要及び主な特徴

　図6.30に、今回検討したチャンバー型無発塵イオナイザーの概略を示す。

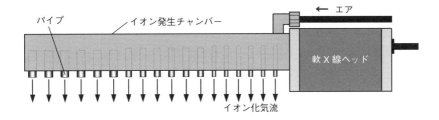

図6.30　チャンバー型無発塵イオナイザー（イオンカラム）の概略図

このイオナイザーは、角柱状のイオン化チャンバー内を軟X線でイオン化
し、コンプレッサー等のエアで正負イオンを静電気発生箇所に吹付けて除電
するものである。イオン化チャンバーの吹出部は小孔径のパイプを打込んだ
構造になっており、このパイプの孔径およびパイプの長さによって、イオン
は通すが軟X線は遮蔽する構造になっている。このイオナイザーの主な特徴
を以下に示す。

(1) イオナイザー自体が、軟X線の遮蔽構造になっているため、設置の際、
　　このイオナイザーの周囲を遮蔽構造とする必要が無く、設置が容易で安
　　全である。
(2) コロナ放電を用いたイオナイザーのように、放電電極を使用せず、軟X
　　線によりイオン化するため、①電極からの発塵、②オゾンの発生等の問
　　題が無い。
(3) 設置時の出力調整が不要、また、一定期間に一度、軟X線ヘッドを交換
　　するだけで、他のメンテナンスが不要である。
(4) コロナ放電式と異なり火花放電の恐れが全くないため、防爆型仕様にす
　　ることも原理的に容易である。

6.6.2 実験装置および方法

　実験に用いた遮蔽用のアルミニウム製パイプのサンプルは、孔径d＝2mmφ、

3mmϕ、4mmϕ、5mmϕ、長さL＝10mm、15mm、20mm、25mm、30mm、50mmである。種々の条件において、これらの遮蔽用パイプによる軟X線に対する遮蔽性能を評価するための実験装置を**図6.31**に示す。遮蔽性能は、遮蔽用パイプ1本当たりの軟X線の透過率を求め、その大小を比較することにより評価した。透過率が小さいほど、遮蔽性能は優れていることを示す。

　種々のパイプの遮蔽性能すなわち透過率を求める実験は、次のように行った。まず、軟X線管（表4.1[2]）を収めたSUS製の角筒内で軟X線を照射し、線源（Be窓）からの距離Dの位置に、軟X線の照射方向に対して垂直に、ある条件のパイプを一本打込み、そのパイプからの漏れ線量率Iを電離箱式サーベーメータ（アロカ製 ICS-321R1）で測定した。次に距離Dの位置を種々変えて同様な測定を行った。そして、この一連の測定を種々の条件のパイプにおいて行った。なお、電離箱式サーベーメータは、打込んだパイプの出口から実効中心線までの距離が65mmになるように設置した。透過率I/I_0は、サーベーメータで測定したパイプからの漏れ線量率I（パイプ出口から65mmの位置）と、後述する近似式（6.1）から計算した入射線量率I_0（打込んだパイプ入口での線量率）との比から求めた。

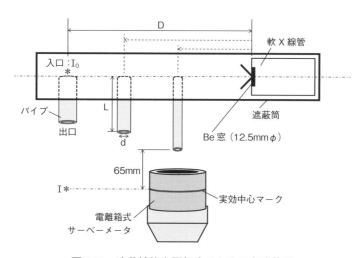

図6.31　遮蔽性能を評価するための実験装置

透過率を求める際の線量率は、X線に敏感な組織（皮膚）の等価線量率である70μm線量当量率（人体表面から深さ70μmにおける被曝線量率）で測定を行った。これは、9.5keV以下の軟X線は、微弱なために皮膚表面ではとんど吸収されてしまうので、電離放射線障害防止規則で規定されている実効線量率（1cm線量当量率：人体表面から深さ1cmにおける被曝線量率）で測定すると、軟X線の線量率（X線強度）を過小評価することになるからである[6]。

また、用いたICS-321R1は、日本品質保証機構JQAにて9.5keV以下の軟X線（70μm線量当量率で1μSv/hr以上）が、測定できるように校正されている。また、窓材として、厚さ0.0362mmのポリエチレンテレフタレートフィルム（Mylar、質量減弱係数：54.7cm^2/g at 4keV）を使用しているので、4keVの軟X線でも82.0%透過できる。これは、4keVの軟X線でも検出可能であることを示している。なお、Mylarフィルムの透過率の計算に用いた質量減弱係数は、National Institute of Standards and Technology in USA のX-ray Attenuation Databasesから引用した。

6.6.3　実験結果および考察

(1)　空気中での軟X線の減弱特性

透過率I/I_0を求める際の入射線量率I_0は、図6.31の打込んだパイプの入口端面の位置での直達線量率とする。そこで、線源（Be窓）から任意の距離における軟X線の直達線量率を求めるために、図6.32に示す様に空気中での軟X線の減弱特性を調べた。軟X線ヘッドとサーベーメータが同じ光軸上にくるように向い合せて設置し、線源から光軸に沿ってサーベーメータを遠ざけて線量率を測定した。ただし、サーベーメータICS-321R1は、Max.10mSv/hrまでしか測定できないため、線源に近い10mSv/hr以上の測定には、米国ビクトリーン製450B-SI（Min.5μSv/hr、Max.500mSv/hr）を使用した。450B-SIは、ICS-321R1と同様に、9.5keV以下の軟X線（70μm線量当量率で5μSv/hr以上）が、測定できるように校正されている。また、

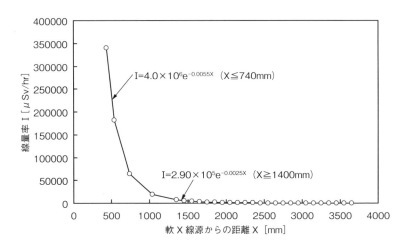

図6.32　空気中での軟X線の減弱特性

4keVの軟X線でも検出可能である。

　軟X線の線量率は、線源に近い約740mm以内では近似式（6.1）に従い、線源から遠い約1400mm以上では近似式（6.2）に従って減衰した。

$$I = 4.0 \times 10^6 e^{-0.0055X} \quad (6.1) \quad （距離約740mm以下）$$
$$I = 2.9 \times 10^5 e^{-0.0025X} \quad (6.2) \quad （距離約1400mm以上）$$

　すなわち、軟X線の線量率は、距離の二乗に比例して減衰しない。これは、軟X線は空気に吸収され易いことが原因と考えられる。

　本実験装置において、パイプを打込む位置を線源から20mm〜200mmとしたので、上記の結果に従い、透過率の基準となる入射線量率I_0は近似式（6.1）により求めた。

(2)　入射線量率と透過率の関係

　図6.33にパイプ1本当たりの、入射線量率（線源からの距離）と透過率の関係を示す。パイプ径は4種類（図6.33-(a)〜(d)）、長さはそれぞれの径に

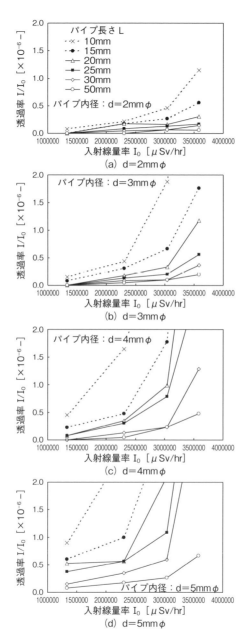

図6.33　入射線量率と透過率の関係

つき6種類、肉厚は全て1mmである。

　入射線量率が小さい程（線源からの距離が長い程）透過率は小さく、入射線量率の増加とともに（線源に近くなる程）透過率は大きくなる。パイプの径は小さい程、またパイプの長さは長い程、透過率は小さく、軟X線を遮蔽し易いいことがわかる。これは、パイプへの入射線量率が大きい場合（線源に近い場合）、用いるパイプは径が小さく、長さが長いものを選定することで透過率を小さくすることができ、パイプへの入射線量率が小さい場合（線源から遠い場合）、用いるパイプは径が大きく、長さが短いものを選定できることを示している。

　実際にパイプを選定する時は、前述の減弱特性の近似式（6.1）からパイプを打込む位置の入射線量率を算出し、図6.33からその透過率を求め、パイプ1本当たりからの漏れ線量率を計算しながらパイプの径と長さを、安全を見込んで選定する。しかし、正負イオンの消耗を考慮すると、漏れ線量率を抑えつつ、なるべく径が大きく、長さの短いパイプを選定することが必要となる。

(3)　イオナイザー実機による遮蔽性能の確認と除電性能の測定

（3-1）　遮蔽性能の確認

　図6.34にイオナイザー実機の外観を、そのイオン化チャンバー部の概要を図6.35に示す。2mmϕ×50mmLのパイプ9本、3mmϕ×50mmLのパイプ9本、4mmϕ×30mmLのパイプ8本、5mmϕ×30mmLのパイプ16本を、正負イオンの消耗も考慮して選定し、遮蔽を行った。

　イオナイザーからの漏れ線量率は、次のように計算する。まず、各パイプの位置毎に入射線量率を近似式（6.1）から求める。続いて、図6.33に示す透過率のデータから、透過率を求める。そして同一径のパイプを設けたエリア毎の漏れ線量率を求める。

　例えば2mmϕ×50mmLのパイプを設けたエリア内で最も線源に近い位置 $D = 60$mmの入射線量率は$I_0 = 2.88 \times 10^6 \mu$Sv/hrとなる。次に、図6.33の径

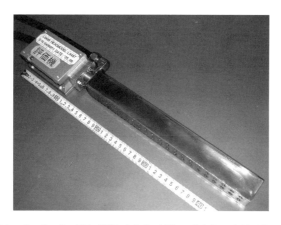

図6.34　チャンバー型無発塵イオナイザー（イオンカラム）の外観

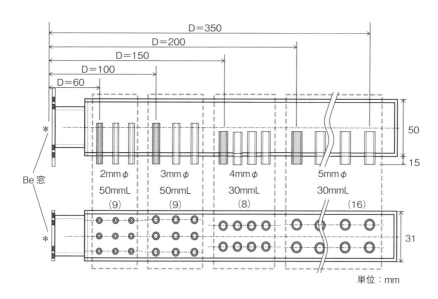

図6.35　イオン化チャンバー部の遮蔽構造の概要

2mmϕ、長さ50mmの曲線から透過率$I/I_0 = 0.05 \times 10^{-6}$を得る。よって、D＝60mmの位置での2mm$\phi \times$50mmLのパイプ1本からの漏れ線量率は、$I = 2.88 \times 10^6 \times 0.05 \times 10^{-6} = 0.14\mu$Sv/hrと計算される。

ここでエリア毎の広さが十分狭いので、最も線源に近いパイプ1本からの漏れ線量率をエリア内に打込んだパイプ本数倍することで、このエリアの漏れ線量率の概算値を求める。上記のエリアからの漏れ線量率の概算値は0.14μSv/hr×9本＝1.29μSv/hrとなり、このようにして概算すると、3mmϕ×50mm Lのエリアは0.90μSv/hr、4mmϕ×30mm Lのエリアは0.32μSv/hr、5mmϕ×30mmLのエリアは0.96μSv/hrと求められる。実際にサーベーメータで漏れ線量率を測定すると、どの径のエリアでも1.0μSv/hr以下であった。

　なお、漏れ線量率の許容値を1μSv/hrとした理由は、X線応用装置筐体外側の許容値が、慣例的に1μSv/hr以下であることに基づいている。

(3-2) 除電性能の測定

　図6.35の遮蔽構造を持つイオナイザー実機の除電性能を測定した。除電性能は、帯電プレートモニタ（CPM、Trek製Model 158）の金属プレート（15.2×15.2cm、20pF±2pF）を1kV（または-1kV）に帯電させ、その初期電位が遮蔽構造出口からの正負イオンにより十分の一の0.1kV（または−0.1kV）まで減衰する時間（除電時間）により評価した。除電時間は短いほど、除電性能が優れていることを示す。また、金属プレートを正極性に帯電させた場合は、負イオンによる除電性能を、負極性の場合は、正イオンによる除電性能を評価したことを示す。

　図6.36は、除電性能（除電時間）と遮蔽構造（パイプ）出口面から帯電プレートモニタまでの距離との関係を示す実測結果である。噴出しガス風量の除電性能への影響も調べた。帯電プレートモニタは負極性に帯電させ、正イオンによる除電性能を評価した。

　距離の増加に伴い、除電時間が長くなり除電性能が低下している。また、遮蔽構造出口面からの風量が多くなるにつれ除電性能が向上することがわかる。これらの結果は、正イオンによる除電性能を示しているが、負イオンによる場合も同様な傾向を示した。

　すなわち、選定した遮蔽構造により、軟X線の漏れ線量率を1.0μSv/hr以

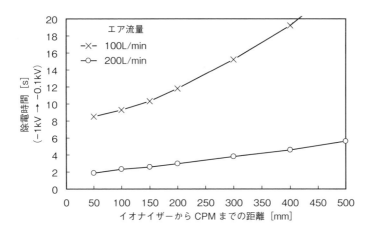

図6.36　チャンバー型無発塵イオナイザー（イオンカラム）の除電性能

下にでき、かつ充分な除電性能を得ることが可能であることがわかる。

　この節では、小孔径の金属パイプを用いて、軟X線を遮蔽するための遮蔽
構造の条件を検討し、下記の知見を得た。そして、チャンバー型無発塵イオ
ナイザー（イオンカラム）の実機にて、軟X線の漏洩線量率を1μSv/hr以
下にでき、かつ正負イオンを充分に通過させることが可能であることを確認
できた。

①軟X線の線量率は、空気中では距離の二乗に比例して減衰せず、線源に近
　い位置では急速に減衰し、線源から離れた位置では減衰が緩やかである。
②任意のパイプに対して、入射線量率が小さい程（線源からの距離が長い
　程）透過率は小さく、入射線量率が大きい程（線源に近い程）透過率は大
　きくなる。
③パイプは径が小さく、長さが長い程遮蔽性能が向上する。
④パイプ入口での入射線量率と透過率の関係から、パイプ1本あたりの漏れ
　線量率を求めることができる。

【6.6 参考及び引用文献】

1) 鈴木政典，和泉貴晴，鋒治幸，石川昌義：微弱X線イオナイザーの安全な使用方法，クリーンテクノロジー，Vol.10, No.6（2000）18

2) 浜松ホトニクス：フォトイオナイザL6941 取扱説明書

3) M. Suzuki, T. Sato, H. Matsuhashi, A. Mizuno：X-ray shielding of an ionizer using low-energy X-rays below 9.5keV for ultra-clean assembly line of electronic devices, Jpn. J. Appl. Phys., Vol.44, No.7A（2005）4878

4) 佐藤朋且，鈴木政典，松橋秀明：遮蔽構造を持つ軟エックス線イオナイザーの開発，第23回 空気清浄とコンタミネーションコントロール研究大会予稿集，（2005）222

5) 佐藤朋且，鈴木政典，松橋秀明：遮蔽構造を持つ軟エックス線イオナイザーの開発（その2），第24回 空気清浄とコンタミネーションコントロール研究大会予稿集，（2006）210

6) 稲葉仁，岩波茂：10kV以下の軟X線防護のための線量測定，第30回日本保険物理学会予稿集，日本保険物理学会（1995）3

6.7 静電気対策用層流吹出口（イオンキューブ）の遮蔽性能と除電性能

静電気対策用層流吹出口においては、安全上、正負イオンは通過できるが、軟X線は遮蔽される構造の遮蔽板が必要である。しかし、遮蔽板にイオンが通るための孔がある状態で、軟X線を遮蔽することは困難であった。それは、軟X線の直達成分に対しては、幾何的に遮蔽構造を予測することは容易であるが、遮蔽板や空気分子による散乱成分は予測が困難なためである。

そこで、本節においては、一定の隙間をあけて、孔が重ならないように重ねた種々のパンチング板2枚とハニカムからなる、簡単な構造の遮蔽板のサンプルを用いて、軟X線を遮蔽するための遮蔽板構造の条件を検討した。そして、イオナイザー実機の遮蔽板において、サンプルで検討した結果を用いて、軟X線の漏洩線量率を1μSv/hr以下にでき、かつ正負イオンが充分に通過できることを確認した[1]。それらの結果について述べる。

6.7.1 実験装置及び方法

実験に用いる遮蔽板のサンプルを図6.37に、種々の条件の遮蔽板による軟X線に対する遮蔽性能を評価するための実験装置を図6.38に示す。遮蔽性能は、遮蔽板に対する軟X線の透過率を求め、その大小により評価した。透過率が小さいほど、遮蔽性能は優れていることを示す。また、透過率を求める際の線量率は、X線に敏感な組織（皮膚）の等価線量率である70μm線量当量率（人体表面から深さ70μmにおける被曝線量率）で測定を行った。これは、9.5keV以下の軟X線は、微弱なために皮膚表面でほとんど吸収されてしまうので、電離放射線障害防止規則で規定されている実効線量率（1cm線量当量率：人体表面から深さ1cmにおける被曝線量率）で測定すると、軟X線の線量率（X線強度）を過小評価することになるからである[2,3]。

遮蔽板のサンプル（200×200mm）は、正方配列の孔のあるパンチング板

2枚を孔が重ならないように、スペーサを挟んで一定間隔になるように重ねられている（図6.37）。軟X線管（表4.1[4]）は、軟X線が広がらないようにするため、図6.38に示すように遮蔽筒内に収められている。その遮蔽筒は、ハニカムまたは表側のパンチング板の表面から5mm離して、光軸が遮蔽板の中央に来るように、固定されている。遮蔽板を挟んで遮蔽筒の反対側に、電離箱式サーベーメータ（アロカ製　ICS-321R1）の測定窓（76mmφ）が、遮蔽筒と同じ光軸上に、遮蔽板の裏面から105mm（電離箱中央の実効中心マークから遮蔽板の裏面までの距離Lは152.5mm）離して設置されている。そして、サーベーメータは、遮蔽板内で散乱した軟X線がいろいろな方向に広がることを考慮して、図6.38に示すように角度aで回転できるように設置されている。用いたICS-321R1は、日本品質保証機構JQAにて9.5keV以下の軟X線（70μm線量当量率で1μSv/hr以上）が、測定できるように校正されている。また、窓材として、厚さ0.0362mmのポリエチレンテレフタレートフィルム（Mylar、質量減弱係数：54.7cm^2/g at 4keV）を使用しているので、4keVの軟X線でも82.0％透過できる。これは、4keVの軟X線でも検出可能であることを示している。なお、Mylarフィルムの透過率の計算に用いた質量減弱係数は、National Institute of Standards and Technology in USA のX-ray Attenuation Databasesから引用した。

　種々の条件の遮蔽板による軟X線に対する遮蔽性能を評価するための透過率の測定は、以下の手順で行った。

①種々の条件のパンチング板だけからなる遮蔽板またはパンチング板とハニカムからなる遮蔽板を図6.38のように設置した。
②そして、サーベーメータを回転して各角度aにおける軟X線の漏洩線量率I_L（at L = 152.5mm）を測定した。
③遮蔽板裏側の表面からL = 5mm離れたところでの漏れ線量率Iを上記②で測定した漏洩線量率I_L（a = 0～20度までの平均値）から後述する式（6.4）と（6.5）を用いて計算し、遮蔽板の表側のパンチング板またはハニカム

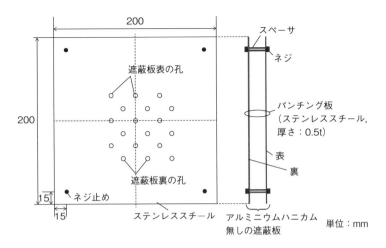

図6.37　遮蔽性能を評価するための遮蔽板のサンプル

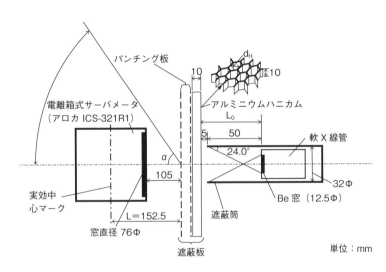

図6.38　遮蔽性能を評価するための実験装置図

の表面での入射線量率I_0を後述する式（6.3）から計算して、これらの線量率の比から軟X線の透過率I/I_0を求めた。

6.7.2 実験結果及び考察

（1）軟X線の空気中における減弱特性と遮蔽性能（透過率）の求め方

　軟X線の空気中における減弱特性として、照射された軟X線線量率と線源（X線管のBe窓）からの距離の関係を**図6.39**に示す。実験は、図6.38おいて、遮蔽板を取除き、サーベーメータを線源から光軸に沿って遠ざけて線量率の測定を行った。ただし、サーベーメータICS-321R1は、Max.10mSv/hrまでしか測定できないため、線源に近い10mSv/hr以上の測定には、米国ビクトリーン製450B-SI（Min.5μSv/hr、Max.500mSv/hr）を使用した。450B-SIは、ICS-321R1と同様に、9.5keV以下の軟X線（70μm線量当量率で5μSv/hr以上）が、測定できるように校正されている。また、4keVの軟X線でも検出可能である。

　図6.39より、照射された軟X線の線量率I_xは、線源に近い64000μSv/hr以上の位置Xでは、式（6.3）に従い空気中で急速に減衰し、7730μSv/hr以下の線源から離れた位置Xでは、式（6.4）に従い、減衰が緩やかであること

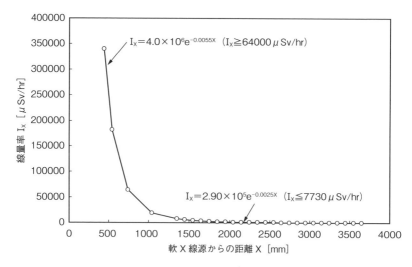

図6.39　照射された軟X線線量率と線源からの距離の関係

がわかる。すなわち、軟X線の線量率I_xは、距離の二乗（X^2）に比例して減衰しない。これは、軟X線は空気に吸収され易いことが原因と考えられる。

$$I_x = 4.0 \times 10^6 e^{-0.0055X} \tag{6.3}$$

$$I_x = 2.9 \times 10^5 e^{-0.0025X} \tag{6.4}$$

$$I_L = a \cdot e^{-0.0025L} \tag{6.5}$$

照射された軟X線の線量率は、距離の二乗に比例して減衰しないので、遮蔽性能を評価するための透過率I/I_0を求める際の、遮蔽板裏側の表面からL＝5mm離れたところでの漏れ線量率Iは、式（6.4）と（6.5）から求め、遮蔽板の表側のパンチング板またはハニカムの表面での入射線量率I_0は、式（6.3）から求める。遮蔽板裏側の表面から5mm離れたところでの漏れ線量率Iは、式（6.4）より直接求められないが、遮蔽板裏側から漏れた軟X線の減弱曲線は、式（6.4）に比例するので、新たに定数aを用いて式（6.4）を式（6.5）のように表すことができる。図6.38のサーベーメータの位置（L＝152.5mm）での漏れ線量率I_Lは実測できるので、それを式（6.5）に代入することにより定数aを計算できる。そして、式（6.5）よりL＝5mmでの漏れ線量率Iを求めることができる。

(2) 遮蔽板のサンプルによる遮蔽板構造の条件の検討
(2-1) 遮蔽板の諸条件及び遮蔽角βの遮蔽性能への影響

遮蔽板の孔ピッチと孔径、及びパンチング板間隔の遮蔽性能への影響をそれぞれ**図6.40**、**6.41**に示す。実験には、ハニカムの無い遮蔽板を用いた。また、図中の遮蔽角βは、**図6.42**に示すように、遮蔽板の孔径d、孔ピッチp、パンチング板間隔tを反映するように定義された変数で、式（6.6）と（6.7）で表される。

$$\beta = \tan^{-1}(D/t) \tag{6.6}$$

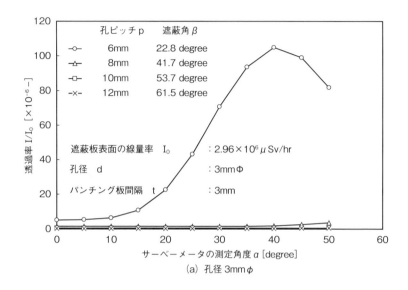

(a) 孔径 3mmφ

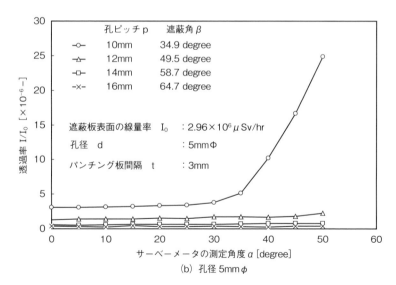

(b) 孔径 5mmφ

図6.40　遮蔽板の孔ピッチと孔径の遮蔽性能への影響

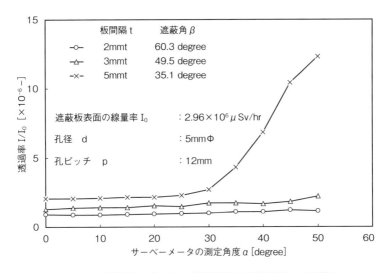

図6.41　遮蔽板のパンチング板間隔の遮蔽性能への影響

$$D = p/\sqrt{2} - d \tag{6.7}$$

　図6.40より、孔ピッチまたは遮蔽角βが大きくなると、透過率が小さくなり遮蔽性能が向上することがわかる。また、サーベーメータの測定角度aが大きくなるにつれ透過率が大きくなり、遮蔽性能が低下することがわかる。この傾向は、遮蔽角βが小さくなるほど顕著である（図6.40-(a)）。これは、遮蔽板に入射した軟X線が、パンチング板間で散乱して、遮蔽板中央から周囲へ向かって広がっているためと考えられる。遮蔽筒からの軟X線がコーン状に広がっていることもそれを助長している。また、孔径の遮蔽性能への影響は明確ではないが、孔径を含む遮蔽板の諸条件から計算された遮蔽角βが大きくなるほど、遮蔽性能が向上することがわかる。

　図6.41より、パンチング板間隔が小さくまたは遮蔽角βが大きくなると、透過率が小さくなり遮蔽性能が向上することがわかる。また、図6.40と同様に、遮蔽角βが小さくなるほど、サーベーメータの測定角度aが大きくなるにつれ透過率が大きくなり、遮蔽性能が低下することがわかる。

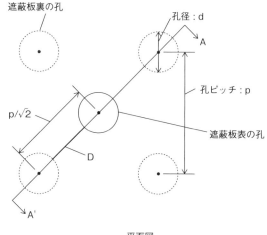

遮蔽板裏の孔

孔径：d

A

孔ピッチ：p

p/√2

遮蔽板表の孔

D

A'

平面図

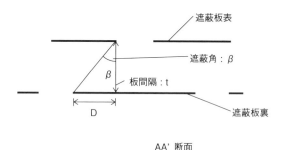

遮蔽板表

遮蔽角：β

β

板間隔：t

D

遮蔽板裏

AA' 断面

図6.42　遮蔽角βの定義

　従って、遮蔽角βが大きくなるほど、透過率が小さくなり、遮蔽性能が向上することがわかる。

（2-2）遮蔽性能と遮蔽角βとの関係

　図6.43に、図6.40、6.41に示したデータを含む諸条件（**表6.4**）の遮蔽板について測定した透過率と遮蔽角βの関係を示す。

　図6.43より遮蔽角βが大きくなるに伴い、急速に透過率が小さくなり遮蔽性能が向上することがわかる。図中の実線（式（6.8））は、実測結果の上限

値を示しており、遮蔽板の遮蔽角βを計算して求めることにより、この実線からその遮蔽板による軟X線の透過率を、高い安全率を見込んで求めることができる。

$$I/I_0 = 31.5e^{-0.0528\beta} \tag{6.8}$$

(2-3) ハニカム孔径の遮蔽性能への影響

図6.44に、諸条件（表6.5）のハニカム付き遮蔽板について、ハニカム孔径をパラメータとして測定した透過率と遮蔽角βの関係を示す。

図6.44より遮蔽角βが大きくなるに伴い、急速に透過率が小さくなることがわかる。そして、ハニカムの孔径が小さくなるほど、透過率が小さくな

表6.4　透過率を測定するための遮蔽板の諸条件

No.	孔径 d [mm]	孔ピッチ p [mm]	板間隔 t [mm]	Be窓からの距離 L_0 [mm]
1	3	6	3	55
2	3	8	3	55
3	3	10	3	55
4	3	12	3	55
5	5	10	2	55
6	5	12	2	55
7	5	14	2	55
8	5	16	2	55
9	5	10	3	55
10	5	10	3	106
11	5	12	3	55
12	5	12	3	106
13	5	14	3	55
14	5	16	3	55
15	5	10	5	55
16	5	12	5	55
17	5	14	5	55
18	5	16	5	55

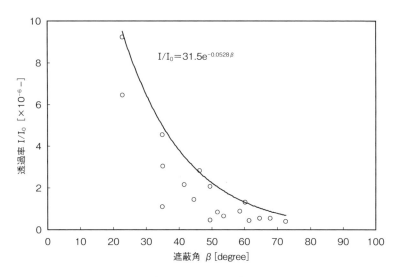

$$I/I_0 = 31.5e^{-0.0528\beta}$$

図6.43　遮蔽板の透過率と遮蔽角 β の関係

り、遮蔽性能が向上することがわかる。これは、ハニカム孔径が小さくなるほど、遮蔽筒からコーン状に広がったX線の斜め成分がハニカム孔内壁でカットされ、パンチング板に直達するX線線量率が小さくなるためと考えられる。遮蔽角 β が22.5 degree（度）のときは、孔径1/4インチのハニカムの透過率はハニカムの無い場合の透過率のおよそ2/3、孔径1/8インチのハニカムの透過率はハニカムの無い場合の透過率のおよそ1/3になっている。また、遮蔽角 β が46度のときは、孔径1/4インチのハニカムの透過率はハニカムの無い場合の透過率のおよそ3/5、孔径1/8インチのハニカムの透過率はハニカムの無い場合の透過率のおよそ1/5になっている。遮蔽角 β が大きくなるほど、ハニカムによる遮蔽性能が向上することがわかる。

　式（6.8）から求めた透過率に、図6.44で求めたハニカムが無い場合との透過率の比を乗ずることにより、ハニカム付き遮蔽板による透過率を高い安全率を見込んで求めることができる。

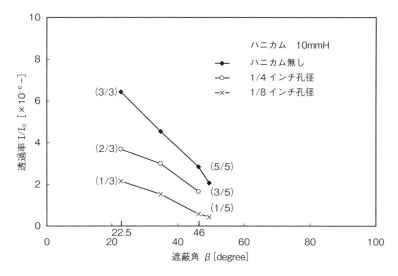

図6.44　ハニカム孔径をパラメータとして測定した透過率と遮蔽角 β の関係

表6.5　透過率を測定するためのハニカム付き遮蔽板の諸条件

No.	孔径 d [mm]	孔ピッチ p [mm]	板間隔 t [mm]	Be窓からの 距離L_0 [mm]	ハニカム孔径 d_H [inch]
1	5	10	2	55	ハニカム無し
2	5	10	2	55	1/4
3	5	10	2	55	1/8
4	5	10	3	55	ハニカム無し
5	5	10	3	55	1/4
6	5	10	3	55	1/8
7	5	12	3	55	ハニカム無し
8	5	12	3	55	1/8
9	5	10	5	55	ハニカム無し
10	5	10	5	55	1/4
11	5	10	5	55	1/8

6.7.3 | イオナイザー実機による遮蔽性能の確認と除電性能の測定

(1) 遮蔽性能の確認

軟X線をイオン化源とする静電気対策用層流吹出口（イオンキューブ）の詳細図を**図6.45**に示す。図6.45のBB'断面の詳細を**図6.46**に示す。孔径：5mmϕ、孔ピッチ：12mm、パンチング板間隔：3mmt、ハニカム孔径：1/8インチからなる遮蔽板が軟X線（X線管：表4.1[4]）を挟むように気流の入口と出口に設けられている。遮蔽板のこれらの仕様は、図6.40、6.41と図6.44より軟X線を遮蔽でき、かつイオンが通過し易いように粗く選定されている。そのため、X線ヘッドの窓の上下にはアルミ板製の遮蔽板（カバープレート）が設けられている。これは、ハニカム表面に到達するX線の線量率I_0を調整し、ハニカム付き遮蔽板の出口からL＝5mmの位置におけるX線漏洩線量率Iを1μSv/hr以下にするための遮蔽板である。なお、漏れ線量率の許容値を1μSv/hr以下とした理由は、X線応用装置の筐体外側における許容値を、慣例的に安全上1μSv/hr以下としていることに基づいている。

孔径：5mmϕ、孔ピッチ：12mm、パンチング板間隔：3mmtのときの遮蔽角はβ＝49.5度で、そのときの透過率は式（6.8）より$I/I_0 = 2.3 \times 10^{-6}$、また図6.44より1/8インチハニカム付きの遮蔽板の透過率は、ハニカムが無い場合の1/5である。すなわち、実機のイオナイザーのハニカム付き遮蔽板の透過率は$I/I_0 = 0.46 \times 10^{-6}$となる。

図6.46に示すように、アルミ板製の遮蔽板（カバープレート）の長さを33mmとしたとき、X線ヘッドの窓からハニカム表面までの距離は$L_0 = 101$mmとなり、この位置でのX線線量率I_0は、式（6.3）より$I_0 = 2.3 \times 10^6 \mu$Sv/hrとなる。従って、遮蔽板出口から5mmの位置におけるX線漏れ線量率IはI＝1.1μSv/hrとなる。X線ヘッドの窓から入射角γでハニカム表面に入射するX線がこのハニカム面上で線量率が一番大きい。すなわち、漏れ線量率はその場所の遮蔽板出口側に当たる部分が一番大きくなる。その部分において、漏れ線量率がおよそ1.0μSv/hr以下であれば遮蔽板出口全面におい

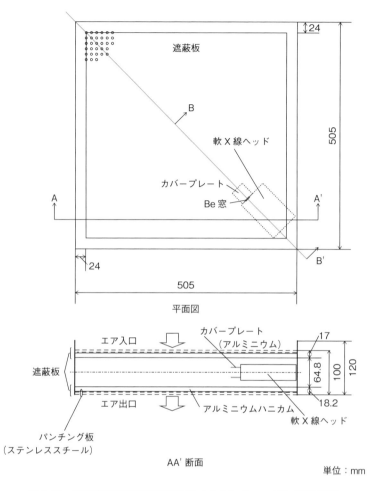

図6.45　静電気対策用層流吹出口（イオンキューブ）の詳細図

て、漏れ線量率はおよそ1.0μSv/hr以下になる。実際に、サーベーメータICS-321R1で、遮蔽板出口側全面の漏れ線量率を測定すると1.0μSv/hr以下であった。

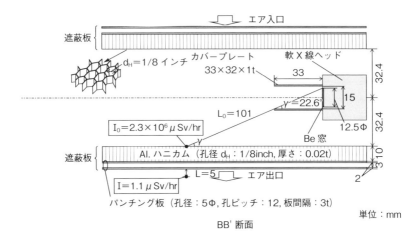

図6.46　図6.45のBB'断面の詳細

(2) 除電性能の測定

　上述した条件の遮蔽板を持つイオナイザー実機の除電性能を測定した結果を図6.47に示す。除電性能は、帯電プレートモニタ（CPM、Trek製Model 158）の金属プレート（15.2×15.2cm、20pF±2pF）を1kV（または−1kV）に帯電させ、その初期電位が遮蔽板出口からの正負イオンにより十分の一の0.1kV（または−0.1kV）まで減衰する時間（除電時間）により評価した[5]。除電時間は短いほど、除電性能が優れていることを示す。また、金属プレートを正極性に帯電させた場合は、負イオンによる除電性能を、負極性の場合は、正イオンによる除電性能を評価したことを示す。

　図6.47は、除電性能（除電時間）と遮蔽板出口面からModel 158までの距離との関係を示している。距離の増加に伴い、除電時間が長くなり除電性能が低下している。また、遮蔽板出口面からの風速が早くなるにつれ除電性能が向上することがわかる。さらに、遮蔽板がないときの除電時間はあるときに比べ2秒程短くなり、除電性能が向上しているが、著しい違いはない。図6.47は、負イオンによる除電性能を示しているが、正イオンによる場合も同様な傾向を示した。

132

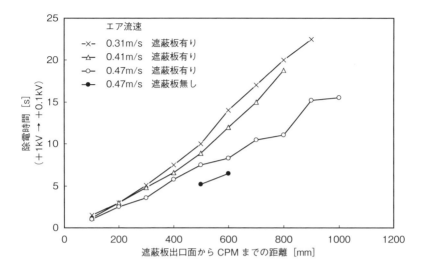

図6.47　静電気対策用層流吹出口（イオンキューブ）の除電性能

　すなわち、選定した遮蔽板により、軟X線の漏れ線量率を1.0μSv/hr以下にでき、かつ充分な除電性能を得ることが可能であることがわかる。

　この節では、簡単な構造の遮蔽板のサンプルを用いて、軟X線を遮蔽するための遮蔽板構造の条件を検討し、下記の知見を得た。そして、イオナイザー実機の遮蔽板において、その検討結果を用いて軟X線の漏洩線量率を1μSv/hr以下にでき、かつ正負イオンが充分に通過できることを確認した。

①照射された軟X線の線量率は、距離の二乗に比例して減衰せず、線源に近い位置では空気中で急速に減衰し、線源から離れた位置では減衰が緩やかである。

②孔ピッチまたは遮蔽角βが大きくなると、透過率が小さくなり遮蔽性能が向上する。

③パンチング板間隔が小さくまたは遮蔽角βが大きくなると、透過率が小さくなり遮蔽性能が向上する。

④遮蔽板の遮蔽角βを計算して求めることにより、透過率と遮蔽角βの関係曲線からその遮蔽板による軟X線の透過率を、高い安全率を見込んで求めることができる。

⑤ハニカムの孔径が小さくなるほど、透過率が小さくなり、遮蔽性能が向上する。

⑥透過率と遮蔽角βの関係曲線から求めた透過率に、ハニカムが無い場合との透過率の比を乗ずることにより、ハニカム付きの遮蔽板による透過率を高い安全率を見込んで求めることができる。

【6.7　参考及び引用文献】

1) M. Suzuki, T. Sato, H. Matsuhashi, A. Mizuno：X-ray shielding of an ionizer using low-energy X-rays below 9.5keV for ultra-clean assembly line of electronic devices, Jpn. J. Appl. Phys., Vol.44, No.7A（2005）4878

2) 厚生労働省安全衛生部労働衛生課編：電離放射線障害規則の解説，（中央労働災害防止協会，2002）p.39

3) 稲葉仁,岩波茂：第30回日本保険物理学会予稿集，日本保険物理学会，(1995) p.3

4) 浜松ホトニクス：フォトイオナイザL6941 取扱説明書

5) EOS/ESD Association：EOS/ESD Association Standard for Protection of Electrostatic Discharge Susceptible Items – Ionization（EOS/ESD Association, Inc., 1991）

6.8 | 防爆型無発塵イオナイザー（軟X線照射式）

　半導体・液晶製造向けの化学薬品等を生産する防爆施設や可燃性の有機溶剤等を使用する半導体・液晶製造装置（レジストコータ等）でも静電気による生産障害が問題になっている。しかし、従来から多用されているコロナ放電式イオナイザーは、①電極からの発塵や、②コロナ放電が着火源になる危険があるため、上記の防爆施設や半導体・液晶製造装置では、使用できなかった。

　そこで、各種イオン化気流放出型イオナイザーを、防爆型無発塵イオナイザー（防爆型軟X線ヘッド）をイオン化源として用いることにより防爆化することを目的として、防爆型無発塵イオナイザーを開発することを検討した。以下に、開発した防爆型無発塵イオナイザーの概要について述べる。

6.8.1 | 防爆型無発塵イオナイザーの用途

　この防爆型無発塵イオナイザーは、下記のような清浄でかつ防爆が必要な環境向けに開発された。このイオナイザーは、軟X線で空気を電離してイオンを生成するため、コロナ放電式と異なりイオン化源が着火源になる危険がない。

(1) 半導体、液晶製造メーカ向けの化学薬品等を製造する施設
(2) 有機溶剤等を使用する半導体・液晶製造装置（例：コータ・ディベロッパー）
(3) その他、清浄環境において有機溶剤等を取り扱う施設及び装置

6.8.2 | 防爆型無発塵イオナイザーの仕様

　表6.6は、目標とした防爆仕様を示している[1]。防爆仕様は、Exd Ⅱ BT5（国際規格IECに整合した技術基準）とした。①防爆構造：耐圧防爆構造

Exd、②適用できるガス・蒸気の分類：B以下（A<B<Cの順に危険度が増す。ほとんどのガス・蒸気が、A～Bに含まれる。）、③防爆電気機器の温度等級：T5（適用できるガス・蒸気の発火温度：100℃以上）、④危険場所（爆発等級）：1種場所に設置可能。

表6.6からわかるように主な可燃性ガス・蒸気が、適用範囲に含まれている。防爆検定は、社団法人　産業安全技術協会において行われ、合格した。

6.8.3 防爆型無発塵イオナイザーの外観

図6.48に、開発した防爆型無発塵イオナイザーの外観を示す。軟X線ヘッ

表6.6　本装置の適用範囲：Exd Ⅱ BT5（表中のハッチングの範囲）

ガス又は蒸気の分類＊1	温度等級＊2					
	T1	T2	T3	T4	T5	T6
A	アセトン アンモニア 一酸化炭素 エタン 酢酸 酢酸エチル トルエン プロパン ベンゼン メタン メタノール	エタノール 酢酸イソペンチル 1-ブタノール 無水酢酸 ブタン	ガソリン ヘキサン	アセトアルデヒド エチルエーテル		
B	石炭ガス	エチレン エチレンオキシド				
C	水性ガス 水素	アセチレン			二硫化炭素	硝酸エチル

防爆構造の種類：d耐圧防爆構造、防爆電気機器の種類：Ⅱ鉱山事業所の坑内以外の工場又は事業所の危険場所において使用されるもの、ガス又は蒸気の分類：A～B、温度等級：T1～T5の範囲内（発火温度100℃以上）、危険場所：1種場所
  ＊1）A＜B＜Cの順に危険性の高いガス又は蒸気を示す。
  ＊2）温度等級は、数字が大きくなるほど低い温度で発火する危険性が高いガス又は蒸気に対応
  ＊3）危険場所1種場所：危険雰囲気が通常の状態において、連続または長時間持続して存在する場所
  ＊4）危険場所2種場所：異常な状態において、危険雰囲気を生成する恐れがある場所
  ＊5）主な従来品の仕様（コロナ放電式）：A、T4（発火温度135℃以上）、2種場所

図6.48　防爆型無発塵イオナイザーの軟X線ヘッド（左）とコントローラ（右上）
　　　　の外観

ドは、軟X線管と高圧電源からなり、サイズはおよそ47×109×68mmHで
ある。コントローラもヘッドと同じ防爆仕様になっている。

　この節では、各種イオン化気流放出型イオナイザーを、防爆型無発塵イオ
ナイザーをイオン化源として用いることにより防爆化することを目的として
開発した防爆型無発塵イオナイザーの概要について述べた。開発した防爆型
無発塵イオナイザーは、Exd II BT5の仕様で防爆検定に合格した。従って、
防爆型無発塵イオナイザーをイオン化源として用いることにより、イオン化
気流放出型イオナイザーの防爆化は可能と思われる。

【6.8　参考及び引用文献】

1）産業安全技術協会：防爆構造電気機器器具　型式検定ガイド，（産業安全技術協会，
　　1996）pp.221-224

6.9 今後の展望

　クリーンルーム用イオナイザーの開発は、日本における半導体・液晶製造産業の衰退とともにあまり聞かなくなったが、クリーンルームにおける静電気障害は、すべて解決したわけではない。クリーンルームにおける静電気対策の技術はまだ途上にある。最後に、クリーンルームにおける静電気対策技術の一つであるクリーンルーム用イオナイザーの今後の展望について述べる。

6.9.1 今後イオナイザーに求められること

　上述したようにクリーンルームでは、清浄環境を維持しつつ静電気を除去する技術が求められているので、クリーンルームにおいては、少なくともイオナイザーは低発塵又は無発塵であることが必要である。

　また、今後は、生産装置との連携も求められていくと思われる。そのためには、正負のイオンバランスの変動による逆帯電を防止するためにイオンバランスが長期間精度よく維持されることや、長期間にわたり除電性能が精度よく維持されることも必要である。今後、増々、クリーンルーム用イオナイザーに限らず、イオナイザーには高い信頼性が要求されると思われる。それを実現するためには、特に、コロナ放電式イオナイザーにおいてはマイコンによる精密制御（デジタル化）が有用である。近年、生産装置は、コンピュータによる精密制御でデジタル化が高度に進んでいるので、デジタル化により生産装置との連携も容易になる。

6.9.2 今後必要とされるイオナイザー

　今後は、高価な高純度N$_2$ガスを使用しない電極加熱式低発塵イオナイザー[1]のようなイオナイザーが求められていくと思われる。このイオナイザーは、コロナ放電電極を加熱することで生じる熱泳動力により電極上への

エア中不純物の析出を防止する。

　また、生産装置のコンパクト化が進んでイオナイザーの設置スペースがなくなっているため、生産装置の外でイオンを発生させチューブで搬送するイオン搬送式イオナイザー[2]のようなイオナイザーも求められていくと思われる。

　いずれにしても、半導体・液晶製造に限らず、医薬品製造等においても、未だに、静電気による生産障害が充分に解決されていないのが、実情であるので、イオナイザー等による静電気制御技術のさらなる発展が必要と思われる。

【6.9　参考及び引用文献】

1）鈴木政典，佐藤朋且：第29回 空気清浄とコンタミネーションコントロール研究会予稿集，p.171，（2012）
2）松田喬，鈴木政典，松橋秀明：第27回 空気清浄とコンタミネーションコントロール研究大会予稿集，p.212，（2009）

第 7 章

静電気対策の事例

この章では、半導体・液晶製造、医薬品製造、危険物を取り扱う工程及び施設、その他の各分野毎に具体的な静電気対策事例を紹介する。

7.1 半導体・液晶製造

（1）半導体用封止材の充填工程における静電気対策

問題点：半導体用の液状封止材を充填する工程において、シリンジ（注射器）に液状封止材を充填後、シリンジが高帯電し、微粒子付着による品質不良を引き起こすことが問題になっていた。

原　因：充填作業を行う充填室（クリーンルーム）内の塵埃濃度を測定した結果、粒子径の大きな微粒子が多いことがわかった。シリンジは、液状封止材とシリンジ内面との摩擦により帯電し、一時保管庫（SUSラック、SUS：ステンレス、**図7.1**-(a)）に収納されている間に、充填室内の微粒子が付着したと考えられる。

対　策：封止材充填後のシリンジを、図7.1-(b) に示すようにイオンキュー

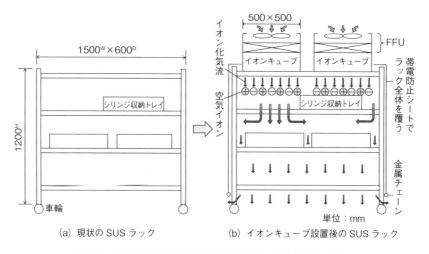

(a) 現状の SUS ラック　　　　(b) イオンキューブ設置後の SUS ラック

図7.1　半導体用封止材の充填工程における静電気対策

ブ（静電気対策用層流吹出口、6.4）を装着したファンフィルタユニット
（FFU）をシリンジ保管用SUSラックに設置し、その周囲を接地した帯電防
止シートで覆った保管庫（簡易型クリーンブース）内に一時保管した。

注意点：SUSラック（図7.1-(a)）を帯電防止シートで覆って、簡易型クリー
ンブース（図7.1-(b)）を形成したが、帯電防止シートは必ず接地をとるこ
とが必要である。接地をとらないと、帯電防止シートでも帯電して充填室内
の微粒子の付着を促進する危険がある。

(2) フレキシブル基板の静電気対策

問題点：フレキシブル基板上の電気回路の静電気放電による破壊および特性
劣化や、静電気帯電により引き起こされる微粒子付着によるフレキシブル基
板の特性劣化の問題があった。

原　因：プーリーによるフレキシブル基板搭載フィルムの帯電を防止するた
めに設置されていたブロワ型イオナイザーが、フィルムの静電容量が大きく
なるプーリー部に設置されていたため、効果があまりなかった。

対　策：フレキシブル基板搭載フィルムは、幅が約7cmであったので、図
7.2に示すように、ノズル型イオナイザーを、プーリー間のフィルムの静電
容量Cが小さくなる位置、つまり帯電電位Vが大きくなる位置に設置した。
フィルムが高帯電するほど、帯電したフィルムにイオナイザーからの正負イ
オンは引き付けられるので、除電効果が高まる。下式に示すように、フィル
ム上の電荷量Qが一定の場合、静電容量Cが小さくなると帯電電位Vが大き
くなる。

$$Q = CV$$

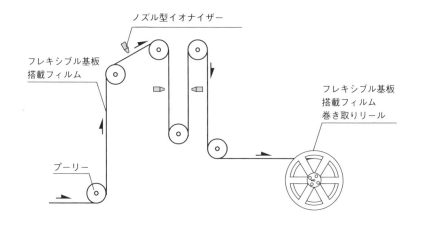

図7.2　フレキシブル基板の静電気対策

注意点：コロナ放電式イオナイザーを使用する場合は、定期的な電極のクリーニングや交換、定期的な除電効果やイオンバランスのチェックが必要である。第5章で述べたように、放電極上にエア中の不純物が堆積しそれが再飛散して微粒子汚染を引き起こす危険がある。また、電極が磨耗して飛散して、微粒子汚染や金属汚染を引き起こす危険がある。

（3）ガラス基板の吸着ステージにおける静電気対策

問題点：液晶用のガラス基板を吸着ステージで真空吸着してからピンアップする際、ガラス基板が高帯電した。それによりガラス基板上の電気回路の静電破壊や微粒子汚染が発生した。

原　因：図7.3に示すように、ガラス基板が吸着ステージで真空吸着した際に帯電（電荷量Q）し、ピンアップによりガラス基板の静電容量Cが小さくなり、その結果として帯電電位Vが大きくなり、ガラス基板が高帯電した。

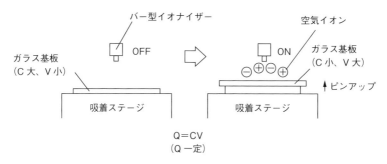

図7.3　ガラス基板の吸着ステージにおける静電気対策

対　策：図7.3に示すように、バー型イオナイザーを、ガラス基板をカバーできる数（図7.3では1本）だけ設置して、ガラス基板をピンアップして高帯電したときに除電した。ガラス基板がステージに吸着しているときは、ガラス基板の静電容量Cは大きいため、帯電電位Vは小さくなり効率的に除電することが困難である。また、微粒子汚染防止の観点から、できれば使用するイオナイザーは、シースエア式低発塵イオナイザー等のクリーンルーム用イオナイザー（6.1）が望ましい。

注意点：クリーンルーム用イオナイザーとして、軟X線イオナイザーを使用することも可能であるが、X線被曝防止対策が必要である。吸着ステージのある装置全体を2mm厚の塩ビ板で囲み、万一作業者が中に入った際は軟X線イオナイザーの電源が自動的にOFFされる仕組みが必要である。

（4）ガラス基板の搬送工程における静電気対策

問題点：液晶用のガラス基板をローラー搬送する際、ガラス基板が高帯電した。それによりガラス基板上の電気回路の静電破壊や微粒子汚染が発生した。

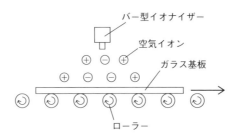

バー型イオナイザー

空気イオン

ガラス基板

ローラー

図7.4　ガラス基板の搬送工程における静電気対策

原　因：図7.4に示すように、ガラス基板をローラー搬送する際、ガラス基板はローラーとの摩擦により高帯電する。

対　策：図7.4に示すように、ガラス基板は一方向に移動するので、ガラス基板の幅と同じ位またはそれ以上の長さのバー型イオナイザーを1本移動方向と直行するように設置した。吸着ステージではガラス基板は水平方向に移動しないので、ガラス基板をカバーできるように複数本バー型イオナイザーが必要であるが、本ケースでは1本でよい。また、微粒子汚染防止の観点から、できれば使用するイオナイザーは、シースエア式低発塵イオナイザー等のクリーンルーム用イオナイザー（6.1）が望ましい。

注意点：クリーンルーム用イオナイザーとして、軟X線イオナイザーを使用することも可能であるが、X線被曝防止対策が必要である。ローラー搬送部のある装置を2mm厚の塩ビ板で囲み、万一作業者が中に入った際は軟X線イオナイザーの電源が自動的にOFFされる仕組みが必要である。

（5）フィルムコーター装置における静電気対策

問題点：図7.5に示す電子ディスプレー用のフィルムコーター装置で、走行している幅約40cmのフィルム表面を可燃性の有機溶剤で処理する際、フィ

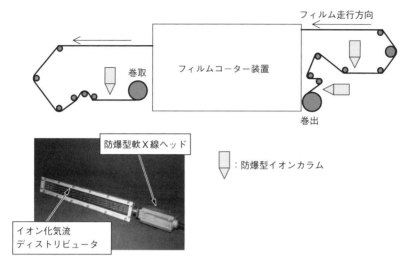

フィルム走行方向

フィルムコーター装置

巻取

巻出

防爆型軟 X 線ヘッド

イオン化気流
ディストリビュータ

：防爆型イオンカラム

図7.5　フィルムコーター装置における静電気対策

ルムが高帯電し、それが放電すると着火する危険があった。

対　策：図7.5に示すように、3台のバー型イオナイザーをフィルムの走行
方向に直角に設置した。このケースでは、微粒子汚染を防止し、かつ防爆型
のイオナイザーが必要であったので、防爆型無発塵イオナイザー（6.8）の
防爆型軟 X 線ヘッドをイオン化源として、イオン化気流ディストリビュータ
と合わせて、バー型の防爆型イオン化気流放出型イオナイザー（防爆型イオ
ンカラム）を構成して使用した（図7.4）。

注意点：除電効果を高めるため、できるだけ防爆型イオンカラムをローラー
間のフィルムが高帯電する静電容量が小さくなる位置に設置する。フィルム
が高帯電するほど、帯電したフィルムに防爆型イオンカラムからの正負イオ
ンが引き付けられる。

7.2 | 医薬品製造

（1）粉体薬充填装置にける静電気対策

問題点：医薬品製造工場の粉体薬を樹脂バッグに充填する工程において、樹脂バッグの帯電により粉体薬がヒートシール部分に吸着し、シール不良が起きる生産障害が発生していた。

原　因：粉体薬が搬送中に帯電し、樹脂バッグも帯電していたので、静電気斥力または吸着力（クーロン力）で樹脂バッグから噴出しヒートシール部に吸着したものと思われる。

対　策：図7.6のように、クリーベンチのHEPAフィルタの吹き出し面に、静電気対策用層流吹出口（イオンキューブ、6.4）を装着して、樹脂バッグの内外面を除電しながら、粉体薬を樹脂バッグの中に充填した。粉体薬と樹脂バッグの両方が帯電している場合の静電気力（クーロン力）が静電気力の

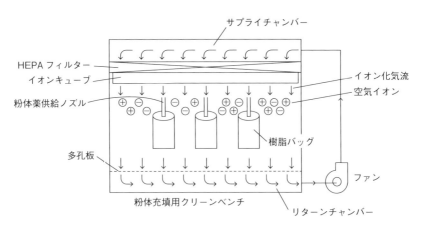

図7.6　粉体薬充填装置にける静電気対策

内最も強いが、樹脂バッグだけでも除電できれば、静電気力は相当弱くなり、粉体薬の樹脂バックからの噴出しやヒートシール部への吸着をかなり防止できる。

注意点：クリーンルーム用イオナイザーとして、コロナ放電式のシースエア式低発塵イオナイザー（6.1）があるが、電極からの発塵がゼロでないので、バリデーションの観点から樹脂バッグの上方に設置できない。この方式のイオナイザーを使用する場合は、樹脂バッグの側面を除電する必要がある。それでも粉体薬の噴出しをある程度防止できる。

（2）粉体薬充填アイソレータにおける静電気対策

問題点：抗生物質等の粉体薬を樹脂バッグに充填するアイソレータ内で、粉体薬を樹脂バッグに充填する際に、樹脂バッグの帯電により粉体薬が樹脂バッグから噴出し、樹脂バッグのヒートシール部に吸着し、ヒートシールができない不具合や粉体薬の量不足が発生していた。

原　因：粉体薬充填装置の場合と同じで、粉体薬が搬送中に帯電し、樹脂バッグも帯電していたので、静電気斥力で樹脂バッグから噴出したものと思われる。

対　策：図7.7に示すように、樹脂バッグが移動するレーンの上に樹脂バッグを覆うように幅約20cmのダクトを配置して、そのダクトの一部の下面から正負イオンを供給するイオンキューブを構成した。イオンキューブからの正負イオンにより樹脂バッグの内外面を除電しながら、粉体薬を樹脂バッグの中に充填した。粉体薬と樹脂バッグの両方が帯電している場合の静電気力（クーロン力）が静電気力の内最も強いが、樹脂バッグだけでも除電できれば、静電気力は相当弱くなり、粉体薬の樹脂バックからの噴出しをかなり防

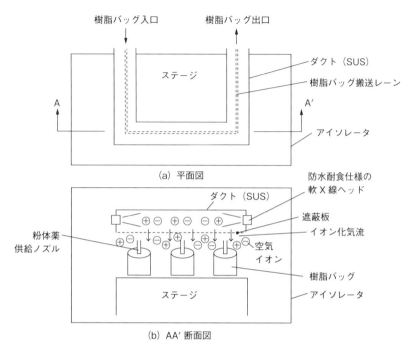

（a） 平面図

（b） AA′ 断面図

図7.7　粉体薬充填アイソレータにおける静電気対策

止できる。

注意点：アイソレータの場合は、前出の粉体薬充填装置の場合と異なり、ア
イソレータ内を定期的に純水による洗浄や過酸化水素等による滅菌が行われ
る。そのため、ここで使用するイオンキューブは、防水仕様でかつSUS等
の耐食性のある材料で製作する必要がある。

（3）医療用樹脂製品の静電気対策

問題点：成形加工された後の樹脂製品（容器）に、頭髪や目視できる程度の
微細なゴミが付着していた。そのままでは、医療用の容器として使用できな
かった。

原　因：成形加工及び組立の際のハンドリングで、樹脂製品が帯電し、作業者の頭髪や微細なゴミが付着した。

対　策：微細なゴミは一度付着すると除去が困難であるので、**図7.8**に示すように、搬送時に樹脂製品をイオン化エアジェットでブローすることにより頭髪や微細なゴミを除去した。これは、イオンで除電すると同時にエアジェットで除塵する方法である。この方法では、直径$20\mu m$程度以上の異物を除去できる。

注意点：イオン化エアジェットで除去された頭髪や微細なゴミは、そのままではクリーンルーム内に飛散するので、図7.8に示すように頭髪や微細なゴミを集塵機等で回収することが必要である。

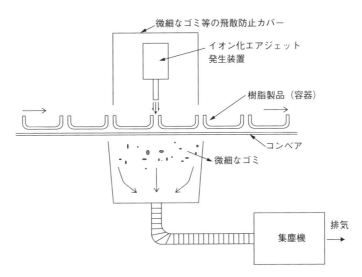

図7.8　医療用樹脂製品の静電気対策

（4）遠心分離機における静電気対策

問題点：粉体薬製造過程の粉体と有機溶剤が混ざった混合物を、遠心分離機で分離する際、粉体が著しく帯電するためN_2ガスでパージしながら遠心分離を行っていた（**図7.9**-(a)）。しかし、粉体を取り出す際に作業者に向かって放電があり、残っている有機溶剤のガスに着火する危険があった。

対　策：図7.9-(b) に示すように、パージ用N_2ガスを防爆型無発塵イオナイザー（6.8）の防爆型軟X線ヘッドを取り付けたイオン化チャンバーを通してイオン化し、遠心分離をしながら粉体の除電を行った。

注意点：パージのためのN_2ガスの必要流量と除電に必要な流量とは異なるため、事前に除電性能について十分な検討が必要である。

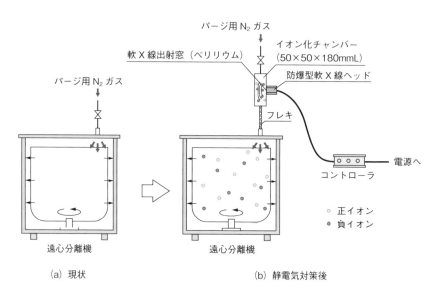

(a) 現状　　　　　　　　　　　　(b) 静電気対策後

図7.9　遠心分離機における静電気対策

（5）錠剤の画像検査工程における静電気対策

問題点：フィーダーから錠剤を供給し、ターンテーブル上に一定の間隔で並べる際に、静電気によって錠剤が移動し、良品でありながら不良品として排出される問題があった。

原　因：ガラス製のターンテーブルがロールクリーナーで摩擦され帯電し、かつ錠剤がフィーダーから供給される際に帯電したため、ターンテーブルと錠剤との間に静電気斥力または吸着力が働き、錠剤が移動したものと思われる。

対　策：図7.10に示すように、フィーダーの上方に、イオンキューブ（静電気対策用層流吹出口、6.4）を装着したファンフィルタユニット（FFU）を取り付けることによって、帯電したターンテーブルと錠剤の両方を除電した。

注意点：クリーンルーム用イオナイザーとして、コロナ放電式のシースエア式低発塵イオナイザー（6.1）があるが、電極からの発塵がゼロでないので、バリデーションの観点からターンテーブル及び錠剤の上方に設置できない。

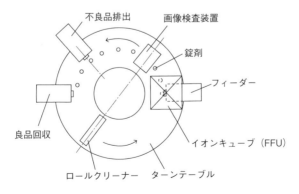

図7.10　錠剤の画像検査工程における静電気対策

7.3 危険物を取り扱う工程及び施設

（1）粉体溶解槽等の固定タンクにおける静電気対策

問題点：化学薬品を製造する工場では、概して耐薬品性の観点から不導体のエポキシ塗装床であることが多い。作業者は導電性靴を着用していたが、静電気が漏洩できないため、作業者は常時帯電した状態になっていた。その状態で固定タンクの架台の不導体塗装された階段を上って、固定タンクに触れた際、作業者から固定タンクに向かってしばしば放電があった（**図7.11**）。固定タンクから可燃性の溶剤蒸気やガスが、着火する濃度で漏れていれば着火の危険性があった。

対　策：図7.11に示すように、固定タンクの前に導電性マットを敷いて接地をとった。工場内を歩行して帯電した作業者は、固定タンクの前に立った瞬間に導電性靴と導電性マットを経由して静電気を漏洩させることができるの

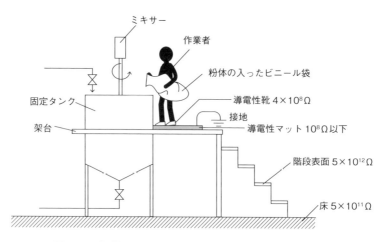

図7.11　粉体溶解槽等の固定タンクにおける静電気対策

で、作業者からの放電を防止できる（3.1）。ここで導電性の靴やマットとは、電気抵抗がゼロΩではなく、10^8Ω以下の靴やマットを意味する。それでも静電気的には十分に導通がある。

注意点：固定タンクに粉体を投入するときは、一気に投入するのではなく、小分けして投入する必要がある。一気に投入すると粉体の入っていたビニール袋が著しく帯電して、ビニール袋から固定タンクの縁に向かって放電し、粉体が舞っていたり、溶剤の蒸気やガスが漏れているときは、着火の危険性が高くなる。

（2）溶剤充填用クリーンベンチにおける静電気対策

問題点：レジスト製造工場の有機溶剤をビンに充填する工程において、有機溶剤が流動帯電により暴れてビンの口からはみ出して、液垂れを起こす生産障害が発生していた。

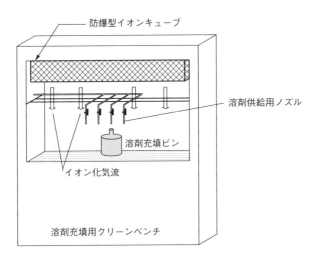

図7.12　溶剤充填用クリーンベンチにおける静電気対策

原　因：導電率の小さな有機溶剤を細管で搬送する際に流動帯電したことが原因と思われる。

対　策：図7.12に示すように、溶剤充填用クリーンベンチの吹き出し口のHEPAフィルタ直下にイオンキューブを装着してクリーンベンチ内をイオン化し、溶剤供給用ノズルから吐出する溶剤を除電した。このケースでは、微粒子汚染を防止し、かつ防爆型のイオナイザーが必要であったので、防爆型無発塵イオナイザー（6.8）をイオン化源とした防爆型イオンキューブを使用した。

（3）溶剤小分け工程における静電気対策

問題点：香料製造の以下の溶剤小分け工程において、静電気放電による爆発火災の危険性があることが問題になっていた。

　①ハカリの上に金属容器を置いて、その中へ作業者が一斗缶から溶剤を投入していた。ハカリ及び金属容器は接地されていたが、一斗缶は接地されていなかった（図7.13-(a)）。床が導電性でないため作業者も接地されていなかった。

　②台車上の金属容器からハカリ台上の樹脂タンクへ、作業者が樹脂容器を使って溶剤を小分けしていた（図7.13-(b)）。

　台車上の金属容器、ハカリ台は接地されていた。しかし、樹脂タンクの入り口に乗せた金属ロートは接地されていなかった。

対　策：①作業者を帯電防止するために、ハカリ周りに導電性マットを敷いて、そのマットを接地した。その上で、一斗缶の帯電を防止するため、一斗缶を直接接地した。

　②作業者を帯電防止するために、作業エリアに導電性マットを敷いて、そのマットを接地した。金属ロートは樹脂タンクで絶縁されていたため、溶剤

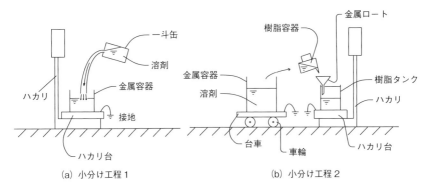

(a) 小分け工程 1　　　　　　　　　　(b) 小分け工程 2

図7.13　溶剤小分け工程（現状）

を注ぐ際に高帯電する危険があったので、溶剤の充填作業を始める前に金属ロートを接地した。

注意点：①一斗缶の帯電を防止する方法は、一斗缶を直接接地する方法だけでなく、作業者の手袋を$10^8\Omega$以下の導電性手袋にして人体を通して接地する方法もある。ただし、この場合は、静電気を作業者経由で大地に逃がすため、必ず床に$10^8\Omega$以下の導電性マットを敷いて接地をとることが必要である。

　②この場合、溶剤の充填作業を始める前に金属ロートを接地することは、大変重要で、充填作業中に金属ロートの接地をとろうとすると金属ロートから接地極に向かって放電し、溶剤のガス蒸気に着火する危険性が非常に高いので注意を要する。

（4）溶剤充填時の樹脂ドラムの静電気対策

問題点：樹脂ドラムへ溶剤を充填する際、樹脂ドラムは著しく帯電するため、時間を掛けてゆっくり充填していたが、時間が掛かり過ぎるため時間短縮が求められていた。

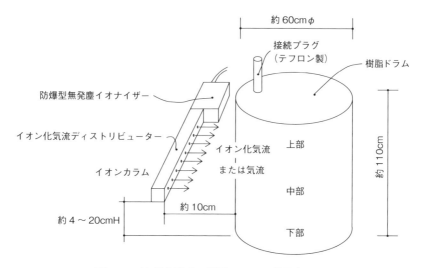

図7.14　溶剤充填時の樹脂ドラムの静電気対策

原　因：溶剤が、溶剤充填用接続プラグ（テフロン製）を通る際に流動帯電し、かつ樹脂ドラムが不導体であったため、溶剤の持つ静電気が大地に漏洩できず、樹脂ドラムが著しく帯電したと考えられる。流動帯電は、時間短縮のため流速を速くするとより大きくなる。

対　策：図**7.14**に示すように、樹脂ドラムの側面に、防爆型無発塵イオナイザー（6.8）とイオン化気流ディストリビュータから構成されたイオンカラム（6.4）を設置して、樹脂ドラムを除電しながら、溶剤を充填した。これにより充填時間を短縮することが可能となった。

注意点：図7.14では、イオンカラムは1本であるが、樹脂ドラムを効率的に除電するためには、複数本設置するか、あるいは溶剤の充填高さに合わせてイオンカラムを移動することが必要である。また、溶剤を取り扱うため、イオンカラムのイオン源は防爆型無発塵イオナイザーである必要がある。

（5）溶剤の撹拌・ろ過工程における静電気対策

問題点：溶剤撹拌タンク内の溶剤を撹拌し、樹脂漏斗と樹脂容器を用いてろ過する工程（**図7.15**）では、タンクは接地されていたが、樹脂漏斗と樹脂容器は不導体であるため接地がとれず、高帯電し、溶剤への着火の危険性があった。

対　策：溶剤撹拌タンクを台車に乗せる前に接地してから、撹拌、ろ過を行った。樹脂漏斗と樹脂容器は、不導体で接地をとることができないので、著しく帯電しないようにゆっくり溶剤をろ過した。急激に注ぐと高帯電し、放電する危険性があった。

注意点：溶剤撹拌タンクは、作業をする前に、必ず接地をとることが必要である。作業中に接地をとると、タンクから接地極に向かって放電し、漏れていた溶剤のガス・蒸気に着火する危険がある。また、樹脂漏斗と樹脂容器は、不導体で接地をとることができないので、ゆっくり溶剤をろ過することが必要である。

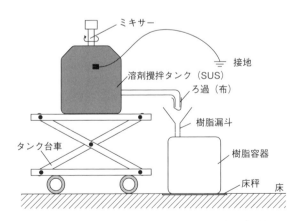

図7.15　溶剤の撹拌・ろ過工程における静電気対策

7.4 その他

（1）樹脂ベルトで誘導帯電した電池ケースの静電気対策

問題点：アルミ製の電池ケースを洗浄・乾燥する工程において、樹脂ベルトで電池ケースを搬送する際、帯電して異物が付着し製品不良を引き起こすことが問題になっていた。

原　因：樹脂ベルトによる電池ケースの帯電原因としては、
　①樹脂ベルトと電池ケースの摩擦帯電、
　②樹脂ベルトの帯電による電池ケースの誘導帯電が考えられる。
　誘導帯電の場合、**図7.16**に示すように、電池ケースは帯電体（樹脂ベルト）と同極性に帯電するが（図7.16-(a)）、誘導帯電されている状態で電池ケースを接地すると一度除電されるが（図7.16-(b)）、帯電体（樹脂ベルト）が遠ざかると電池ケースは帯電体（樹脂ベルト）と逆極性に再帯電する（図7.16-(c)）。これを電気盆現象と呼ぶ。

対　策：**図7.17**に示すように、誘導帯電した電池ケースを自己放電式イオナイザーと2回（電池ケースが樹脂ベルト上にある時と樹脂ベルトを過ぎた時）接触させることにより除電した。

注意点：自己放電式イオナイザー（3.2）は安価で簡便であるが、異物付着防止の観点からクリーンルーム用イオナイザー（第6章）を使用してもよい。電池ケースを接地することは、イオナイザーからの空気イオンで電池ケース上の逆極性の静電荷を中和することと同じである。

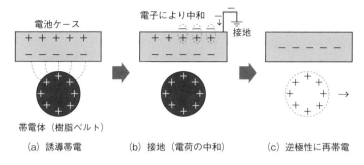

(a) 誘導帯電　　　　(b) 接地（電荷の中和）　　　(c) 逆極性に再帯電

図7.16　誘導帯電と電気盆現象

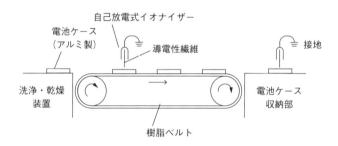

図7.17　樹脂ベルトで誘導帯電した電池ケースの静電気対策

（2）導電性布によるバグフィルタの静電気対策

問題点：主にカーボン繊維の削り粉と有機溶剤が含まれる排気を処理するバグフィルタにおいて、帯電した削り粉の堆積によりバグフィルタが帯電して周囲に向かって静電気放電が起こり、有機溶剤に着火する危険があった。

対　策：図7.18に示すように、バグフィルタのろ材の間に接地した導電性布を配置した。導電性布上の50μm程度の細い導電性繊維が帯電したろ材により誘導され、それらの繊維に電界集中が起こり、エネルギーの小さなコロナ放電が布上で無数に発生し、そのイオンにより帯電したろ材が除電される。自己放電式イオナイザーと同様の原理である。

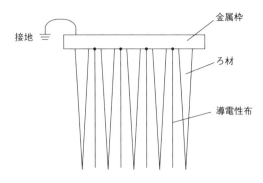

図7.18　導電性布によるバグフィルタの静電気対策

注意点：自己放電式イオナイザー（3.2）と同様に、導電性布も必ず接地をとることが重要である。接地をとらない場合は、布上の導電性繊維に電界集中が起こりにくく、低電位で放電しなくなり、ろ材の除電が困難になる。それだけでなく、帯電したろ材により著しく誘導帯電し、帯電したろ材と同様に、周囲にエネルギーの大きな放電をし、有機溶剤に着火する危険がある。

（3）食品包装工程における静電気対策

問題点：食品包装工程において、積重ねてある食品包装用の樹脂袋から真空吸着機で樹脂袋を一枚一枚取り上げる際（**図7.19**）、樹脂袋が静電気により密着したため重なって取り上げられことが頻繁に発生した。それにより、日付等の印字位置がずれ樹脂袋上に印字されなくなったり、食品が樹脂袋内に入らなくなる生産障害が発生した。対策として、現状では、樹脂袋が重なって取り上げられないようにエアを樹脂袋と樹脂袋の間に吹き込んでいたが、効果はなかった（図7.19）。

対　策：図7.19に示すように、樹脂袋のトレーの近くにイオンカラム（6.4）を設置して、対策前のエアに加えてイオン化エアを樹脂袋の間に吹き込ん

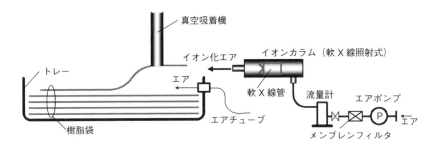

図7.19　食品包装工程における静電気対策

で、樹脂袋を除電した。

注意点：樹脂袋と樹脂袋の間に吹き込んでいるエアをインライン式イオナイザーでイオン化する方法も考えられる。その場合、イオナイザーの挿入位置に注意が必要である。細いチューブでイオンを搬送する際、チューブ内で正負イオンが再結合して失われるので、できるだけチューブの出口近くにイオナイザーを挿入する必要がある。有効な除電性能を得るためには、内径4〜6mmのチューブで、出口から600mm以内に挿入する必要がある。

（4）樹脂容器の加工工程における静電気対策

問題点：樹脂容器の加工の際、切り屑が容器の内面に付着しエアブローでは除去できない問題が発生した。

原　因：樹脂容器を金型成形した際、高帯電し、そのまま先端を刃物で加工したため、切り屑が樹脂容器の内面に静電気力で吸着したものと考えられる。

対　策：図7.20に示すように、樹脂容器先端を加工した後、インライン式

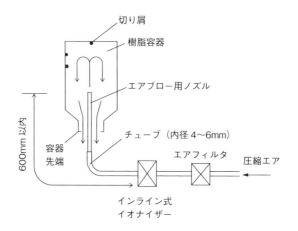

図7.20　樹脂容器の加工工程における静電気対策

イオナイザーによりイオン化したエアで容器内をエアブローして除電し、同時に切り屑を除去した。

注意点：インライン式イオナイザーの挿入位置に注意が必要である。細いチューブでイオンを搬送する際、チューブ内で正負イオンが再結合して失われるので、できるだけチューブの出口近くにイオナイザーを挿入する必要がある。有効な除電性能を得るためには、内径4〜6mmのチューブで、出口から600mm以内に挿入する必要がある。

（5）樹脂部品用トレー供給部における静電気対策

問題点：積重ねたトレー（樹脂製）を供給部に設置し、下のトレーから一枚一枚供給する工程において、トレー内の部品（製品）が上のトレーの裏面に静電気力で付着する問題が発生した。現状の対策として、積重ねたトレーの側面をブロワ型イオナイザーで除電を行っていたが、トレーとトレーの間にイオン化気流がほとんど入って行っていなかった（**図7.21**-(a)）。すなわ

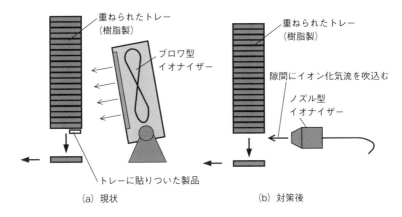

図7.21　樹脂部品用トレー供給部における静電気対策

ち、トレー内の部品が上のトレーの裏面に静電気力で付着することを防止できていなかった。

対　策：トレー内の部品が上のトレーの裏面に静電気力ですでに付着している状態で除電を行っても効果が小さいので、前工程で、トレーを積重ねる際に除電を行った。更に、それに加えて、トレーとトレーの間にイオン化気流を吹き込むタイプのイオナイザーを設置した（図7.21-(b)）。

注意点：このケースの様に、1つの工程だけで静電気対策を行っても問題が解決せず、前工程が影響する場合も多い、静電気対策は生産工程全体で行う必要がある。

索 引

著者略歴

鈴木　政典（すずき　まさのり）

1984年3月	名古屋大学大学院工学研究科博士前期課程化学工学専攻修了
1984年4月	(株)テクノ菱和入社、技術開発研究所へ配属
2002年8月	豊橋技術科学大学大学院工学研究科博士後期課程環境・生命工学専攻入学
2005年7月	豊橋技術科学大学大学院工学研究科博士後期課程環境・生命工学専攻修了 「清浄環境下におけるイオナイザーによる静電気除去技術に関する研究」で博士（工学）取得　　現在に至る。

クリーンルームにおける静電気対策　　　NDC427.3

2021年4月30日　初版1刷発行　　　　　定価はカバーに表示されております。

　　　　　　　　　　　　　　　Ⓒ著　者　　鈴　木　政　典
　　　　　　　　　　　　　　　　発行者　　井　水　治　博
　　　　　　　　　　　　　　　　発行所　　日刊工業新聞社
　　　　　　　　　　　　〒103-8548　東京都中央区日本橋小網町14-1
　　　　　　　　　　　　電話　書籍編集部　　03-5644-7490
　　　　　　　　　　　　　　　販売・管理部　03-5644-7410
　　　　　　　　　　　　　　　FAX　　　　　03-5644-7400
　　　　　　　　　　　　振替口座　00190-2-186076
　　　　　　　　　　　　URL　https://pub.nikkan.co.jp/
　　　　　　　　　　　　email　info@media.nikkan.co.jp

　　　　　　　　　　　　印刷・製本　新日本印刷

落丁・乱丁本はお取り替えいたします。　　　2021　Printed in Japan
　　　　　　ISBN 978-4-526-08128-6　C3054